企业环境管理问答

QIYE HUANJING
GUANLI WENDA

重庆市生态环境局 ◎ 编

U0213046

重庆出版集团 重庆出版社

图书在版编目(CIP)数据

企业环境管理问答 / 重庆市生态环境局编 . —重庆: 重庆出版社,2022.7
ISBN 978-7-229-16978-7

Ⅰ.①企⋯　Ⅱ.①重⋯　Ⅲ.①企业环境管理—问题解答　Ⅳ.①X322-44

中国版本图书馆CIP数据核字(2022)第115334号

企业环境管理问答
QIYE HUANJING GUANLI WENDA
重庆市生态环境局　编

责任编辑:陈　冲
责任校对:李小君
装帧设计:鹤鸟设计

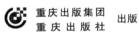 **重庆出版集团**
重庆出版社 出版

重庆市南岸区南滨路162号1幢　邮政编码:400061　http://www.cqph.com
重庆三达广告印务装璜有限公司印刷
重庆出版集团图书发行有限公司发行
全国新华书店经销

开本:710mm×1000mm　1/16　印张:9　字数:130千
2022年8月第1版　2022年8月第1次印刷
ISBN 978-7-229-16978-7
定价:30.00元

如有印装质量问题,请向本集团图书发行有限公司调换:023-61520678

《企业环境管理问答》编写组

主　　编：吴盛海　　余国东

副主编：陈　卫　李金泉　王邦平　向　霆

　　　　刘　芹　黄　红　唐幸群　曹巨辉

编写组成员：刘洪平　张　懿　刘　潇　刘明君

　　　　　　罗财红　张革新　吕俊强　任　利

　　　　　　郑　强　张　敏　何　雷　苟　渊

　　　　　　吴　忠　刘嘉烈　苏　晴　廖世国

　　　　　　刘宾七　聂廷勇　陈泳霖　周安全

　　　　　　孙大武　李　玲　刘　鑫　段秋宴

　　　　　　高　军　陈　军　谯　捷　罗　毅

　　　　　　蒋颜平　蔡洪英　陈　锐　焦艳静

　　　　　　池丽琰　舒　姝　万　路　曹　莉

　　　　　　代渝露　石　竹　聂　滔　胡凤琦

　　　　　　张纯臻　冉建平　王　星

策划：苟　渊

统稿：曹　莉

执行：石　竹

编者的话

　　2019 年，重庆市生态环境局宣传教育和国际合作处策划组织机关业务干部深入重庆 16 个区县的工业园区开展"环保微宣讲"活动，以现场问答的形式面对面向企业代表宣讲环保法律、管理政策，点对点化解企业环境管理过程中的难题，从而有效解决了环保法律政策送达"最后一公里"的问题。"环保微宣讲"活动持续至今，并随着重庆市政府新闻办和华龙网的加入，逐步发展为"发言人来了·环保微宣讲"系列活动，累计开展超过 100 场线上和线下活动，受众超过 80 万人次。

　　为将现场活动中的问答内容更加全面、更加系统地呈现给企业管理者，《企业环境管理问答》编写组将"发言人来了·环保微宣讲"系列活动的具体内容汇总、整理成书，以便于企业管理者及相关人员在企业环境管理过程中参考学习。本书在编写过程中得到了重庆市生态环境局相关局领导和各业务处室的高度重视和大力支持，编写人员字斟句酌，数易其稿，历时半载，终于使本书得以面世。由于时间仓促，加之部分政策动态调整变化，书中内容难免挂一漏万，不尽完善之处敬请读者指正。

本书编写组

2022 年 6 月

目 录
CONTENTS

环境影响评价管理篇

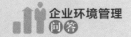
排污许可管理篇

四、排污许可证的申请与管理

碳排放管理篇

五、碳中和与碳排放管理

大气环境管理篇

八、大气污染物防治管理

九、涉消耗臭氧层物质管理

十四、新化学物质环境管理

十五、废弃电器电子产品管理

突发环境事件管理篇

十六、突发环境事件应急预案管理

十七、突发环境事件隐患管理

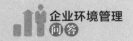
生态环境执法篇

十八、生态环境现场执法

十九、行政处罚及企业权利保障

企业环境信息依法披露篇

二十、企业环境信息披露管理

生态环境损害赔偿篇

二十一、生态环境损害赔偿管理

综合管理篇

二十二、其他环境保护相关管理

环境影响评价管理篇

一、规划环境影响评价

 1. 哪些产业园区应该开展规划环评工作?

答：国务院及其有关部门、重庆市人民政府批准设立的经济技术开发区、高新技术产业开发区、旅游度假区等产业园区以及设区的市级人民政府批准设立的各类产业园区，在编制开发建设有关规划时，应依法开展规划环评①工作。

 2. 开展规划环评的责任主体是谁?

答：产业园区管理机构是规划环评工作的责任主体，对环境影响报告书的质量和结论负责。规划环评技术机构受产业园区管理机构委托开展规划环评，应依法客观、科学完成工作。

 3. 规划环评关注的重点是什么?

答：规划环评以改善环境质量为核心，优化规划产业定位、布局、规模、时序；强化产业园区环境风险防范；优化园区基础设施建设。

---

① "规划环境影响评价"简称"规划环评"。

4. 生态环境部门如何开展审查？

答：（1）原则上由批准设立该产业园区的人民政府所属生态环境主管部门召集审查。比如：国务院批准设立的产业园区应由生态环境部召集审查；重庆市人民政府批准设立的产业园区应由重庆市生态环境局召集审查。

（2）生态环境部于 2021 年 6 月（自 2021 年 6 月 19 日起，委托期限 3 年）委托重庆市生态环境局开展重庆市内国家级产业园区规划环评召集审查。因此，该时间段内的重庆市内国家级和市级产业园区规划环评召集审查工作由市生态环境局开展。

 5. 生态环境部门如何对规划环评进行监管？

答：（1）生态环境部建立健全规划环评质量监管长效机制，采取"定期检查+不定期抽查"的方式加大规划环评文件质量监管。

（2）各级生态环境主管部门如发现规划环评编制质量问题，可依法依规对产业园区管理机构及其委托的规划环评技术机构予以处理。

（3）各级生态环境主管部门依法对已发生重大不良影响的规划及时组织核查。

（4）各级生态环境主管部门要加强对产业园区环境质量变化情况以及污染物排放情况的监管，强化对重污染或涉有毒有害污染物排放产业园区的环境质量例行监测，依法开展执法监测，落实监管责任。

 ### 6. 规划环评的办理程序是怎样的？

答：根据《规划环境影响评价条例》的有关规定，编制综合性规划（土地利用的有关规划和区域、流域、海域的建设、开发利用规划）和指导性专项规划，应编写环境影响篇章或说明；编制专项规划（工业、农业、畜牧业、林业、能源、水利、交通、城市建设、旅游、自然资源开发的有关专项规划），应编写环境影响报告书。

对于要编写环境影响篇章或说明的规划，由规划编制机关将环境影响篇章或说明作为规划草案的组成部分一并报送规划审批机关。

对于要编写环境影响报告书的规划，由规划编制机关自行或委托技术咨询机构按照有关环境保护标准、环境影响评价技术导则和技术规范编制完成规划环境影响报告书后，将规划草案和规划环境影响报告书一并报送生态环境部门，由生态环境部门组织相关部门和专家组或审查小组对规划环境影响报告书进行审查，出具书面审查意见。

对于实施过程中发生重大调整的规划，规划编制机关应及时开展规划的修编和环境影响评价工作，编制规划修编环境影响报告书，报生态环境部门组织审查。对可能导致区域环境质量下降、生态功能退化、实施五年以上且未发生重大调整的产业园区规划，规划编制机关应及时开展环境影响跟踪评价工作，编制环境影响跟踪评价报告书，报生态环境部门组织审查。

 ### 7. 入园建设项目环评如何能够简化？

答：产业园区内规划环评结论及审查意见被产业园区管理机构和规划审批机关采纳的前提下，关于入园建设项目的规划符合性、现状调查评价、相关基础设施评价等内容可结合实际情况适当简化。

> 参考文件：《关于进一步加强产业园区规划环境影响评价工作的意见》

二、建设项目环境影响评价

 8. 租用厂房、取得工业用地前应该注意什么？

答：如果是租用厂房，企业应该核查该厂房业主的相关资料和证件是否齐全，是否符合相关管理规定。企业应当选择合法合规且可保证拟入驻建设项目符合准入要求的厂房进行租赁。在新取得工业用地前，企业应当向土地所在乡镇街道或工业园区了解土地相关情况，按正规程序办理用地相关手续，并且严格按照规划、环保、建设等主管部门要求进行项目建设。

 9. 环评文件有哪些类别？

答：2020 年 11 月，生态环境部发布第 16 号令，公布第五次修订后的《建设项目环境影响评价分类管理名录》(2021 年版)，对 55 个行业的 173 个项目类别及其对应要求的环评类别进行了明确。其中，编制环境影响报告书、环境影响报告表的建设项目需要报生态环境部门审批，填报环境影响登记表的建设项目只需进行网上备案即可。名录未作规定的建设项目，不纳入建设项目环评管理；名录未作规定但省级生态环境主管部门认为确需纳入的，报生态环境部备案后可纳入。

10. 如何编制环评文件?

答:根据要编制的环评文件的类别不同,对每类环评文件的要求也是不同的。以环境影响报告书为例,报告书的总体编排结构应符合《中华人民共和国环境影响评价法》《建设项目环境保护管理条例》《建设项目环境影响评价技术导则 总纲》等的要求,基础数据可靠,预测模式及参数选择合理,结论明确、客观可信;在内容方面,应包含概述、总则、建设项目工程分析、环境现状调查与评价、环境影响预测与评价、环境保护措施及其可行性论证、环境影响经济损益分析、环境管理与监测计划、环境影响评价结论和附录附件等内容。同时,每个项目都应根据具体情况具体分析。进行环评报审时应附有在生态环境部环境影响信用平台导出的环评编制和编制人员信息表并签章。重庆市生态环境局在官网也公布了《环境影响信用平台环评编制单位信息汇总》,公众可查阅咨询。

11. 环评审批流程及审批时限?

答:一般建设项目的环评审批办理流程为受理(建设单位将编制完成的环境影响评价文件及审批申请表等材料提交到工程建设政务服务大厅,接件人员对申请材料进行形式和规范性审查)→受理公示(报告书的公示时间为10个工作日,报告表的公示时间为5个工作日)→公示期间同步委托评估机构或组织专家进行技术评估(对环评文件进行技术审查)→生态环境主管部门根据技术审查结论开展集体审查→审查公示(5个工作日)→审查和决定(符合许可条件的,核发批准书并将审批决定公示)→审批结果送达。

除一般项目环评审批流程外，2018 年起，重庆市生态环境局还试点实施"告知承诺制"审批；2021 年，重庆市生态环境局完成"告知承诺制"实施办法的修订，将"告知承诺制"实施范围由试点的 19 大类 95 小类扩大至 44 大类 100 小类。2022 年，重庆市生态环境局优化审批流程，实施"告知承诺制"审批的建设项目环评即受理即取《重庆市建设项目环境影响评价文件批准书》（以下简称《批准书》），在法定审批公示期满且无反馈意见的前提下，《批准书》生效。

参考文件：《中华人民共和国环境影响评价法》（2018 年修订）、《建设项目环境保护管理条例》（2017 年修改）、《建设项目环境影响评价分类管理名录》（2021 年版）、《建设项目环境影响评价技术导则　总纲》（HJ2.1—2016）

三、建设单位自主环保验收

 12. 自主环保验收的范围是什么？

答：（1）编制环境影响报告书、环境影响报告表的建设项目应当依法开展自主环保验收；编制环境影响登记表的建设项目，不需要开展自主环保验收。

（2）自主环保验收的范围：建设项目配套建设的环境保护设施、措施。其中，环境保护设施是指防治环境污染和生态破坏以及开展环境监测所需的装置、设备和工程设施等；环境保护措施是指预防或减轻对环境产生不良影响的管理或技术等措施。

 13. 自主环保验收的责任主体是谁？

答：建设单位是建设项目竣工环境保护验收的责任主体，应按照规定的程序和标准，组织对配套建设的环境保护设施进行验收，编制验收报告，公开相关信息，接受社会监督。需要对配套建设的环境保护设施进行调试的，建设单位应当确保调试期间的污染物排放符合国家和地方有关污染物排放标准和排污许可等相关管理规定。

 14. 竣工环保验收的工作程序是什么？

答：根据《建设项目竣工环境保护验收暂行办法》《固体废物污染环境防治法》（2020 年修订）规定，建设单位是项目竣工环境保护验收的责任主体，须自主开展建设项目竣工环境保护验收，具体程序如下：

建设项目竣工后，建设单位编制验收监测报告（污染类项目）或验收调查（生态类项目）报告→建设单位召开项目竣工环保验收会〔专业技术专家、验收监测（调查）报告编制单位、环评报告编制单位、设计单位、施工单位等参会〕→修改、完善、形成最终验收报告→编制完成后 5 个工作日内，通过网站或其他便于公众知晓的方式公开验收报告，公示期限不得少于 20 个工作日→验收报告公示期满后 5 个工作日内，将验收相关情况录入全国建设项目竣工环境保护验收信息平台。若建设项目需要整改，整改验收期限最长不应超过 12 个月。

 15. 如何公开竣工环保验收报告？

答：除按照国家要求需要保密的情形外，建设单位应当通过网站或其他便于公众知晓的方式，向社会公开下列信息：

（1）建设项目配套建设的环境保护设施竣工后，公开竣工日期；

（2）对建设项目配套建设的环境保护设施进行调试前，公开调试的起止日期；

（3）验收报告编制完成后 5 个工作日内，公开验收报告，公示的期限不得少于 20 个工作日。

验收报告公示期满后 5 个工作日内，建设单位应当登录全国建设项目竣工环境保护验收信息平台，填报建设项目基本信息、环境保护设施验收情况等相关信息。环境保护主管部门对上述信息予以公开。

 ## 16. 验收监测时对工况的要求是什么？

答：验收监测应当在确保主体工程工况稳定、环境保护设施运行正常的情况下进行，并如实记录监测时的实际工况以及决定或影响工况的关键参数，如实记录能够反映环境保护设施运行状态的主要指标。

 ## 17. 什么情形下需要分期验收？

答：分期建设、分期投入生产或者使用的建设项目，其相应的环境保护设施应当分期验收。

注意：分期验收的程序和要求与一般验收的要求相同。

 ## 18. 不得提出验收合格意见的情形是什么？

答：建设项目环境保护设施存在下列情形之一的，建设单位不得提出验收合格意见：

（1）未按环境影响报告书（表）及其审批部门审批决定要求建立环境保护设施，或者环境保护设施不能与主体工程同时投产或者使用的；

（2）污染物排放不符合国家和地方相关标准、环境影响报告书

（表）及其审批部门审批决定或者重点污染物排放总量控制指标要求的；

（3）环境影响报告书（表）经批准后，该建设项目的性质、规模、地点、采用的生产工艺或者防治污染、防止生态破坏的措施发生重大变动，建设单位未重新报批环境影响报告书（表）未经批准的；

（4）建设过程中造成重大环境污染未治理完成，或者造成重大生态破坏未恢复的；

（5）纳入排污许可管理的建设项目，无证排污或者不按证排污的；

（6）分期建设、分期投入生产或者使用依法应当分期验收的建设项目，其分期建设、分期投入生产或者使用的环境保护设施防治环境污染和生态破坏的能力不能满足其相应主体工程需要的；

（7）建设单位因建设项目违反国家和地方环境保护法律法规受到处罚，被责令改正，尚未改正完成的；

（8）验收报告的基础资料数据明显不实，内容存在重大缺项、遗漏，或者验收结论不明确、不合理的；

（9）其他环境保护法律、法规、规章等规定不得通过环境保护验收的。

19. 如何界定企业调试和正式投产？

答：2017 年 11 月 20 日，原环境保护部出台了《建设项目竣工环境保护验收暂行办法》，该《办法》第六条明确规定，建设单位可以对建设项目配套建设的环境保护设施进行调试。

但调试期间，建设单位需遵循如下规制：

（1）环境保护设施未与主体工程同时建成的，或者应当取得排污许可证但未取得的，建设单位不得对该建设项目环境保护设施进行调试；

（2）需要公开调试的起止时间并向有管辖权的生态环境局报送相关信息，接受其监督检查；

（3）应当对环境保护设施运行情况和建设项目对环境的影响进行监测；

（4）调试期间，污染物排放符合国家和地方有关污染物排放标准和排污许可等相关管理规定。

此种情形下，生态环境部门在认定建设单位是否投入生产或使用时，最为简便的一种方法，只需关注该单位是否报送了调试信息。换言之，如果该项目既未通过验收又未报送调试，但有生产或使用行为，即可认定为未验先投。在此需注意调试并不是验收前的必经程序。

排污许可管理篇

四、排污许可证的申请与管理

 20. 什么是排污许可证的综合许可、一证式管理？

答：实施综合许可，是指将排放污染物的企业事业单位和其他生产经营者（以下简称排污单位）的多个污染物排放许可集中在一个排污许可证里，现阶段涉及的污染物主要包括大气污染物、水污染物和固体废物。这一方面是为了更好地减轻排污单位负担，减少行政审批数量；另一方面是避免为了单纯降低某一类污染物排放而导致污染转移。

一证式管理既指大气污染物、水污染物、固体废物等要素的环境管理在一个许可证中综合体现，也指大气污染物、水污染物、固体废物等污染物的排放浓度、总量控制、贮存处置等各项环境管理要求；新增污染源环境影响评价的各项要求以及排污单位应当承担的其他污染物排放责任和义务均在许可证中规定，排污单位守法、部门执法和社会公众监督也都以此为主要或者基本依据。

今后，随着法律法规的完善，环境噪声、碳排放等项目也会逐步被纳入一证式管理。

21. 哪些排污单位将纳入排污许可管理？

答：在《水污染防治法》《大气污染防治法》等法律框架下，生态环境部制定了《固定污染源排污许可分类管理名录（2019 年版）》，纳入名录的排污单位均须依法取得排污许可证或者填报排污登记表。该名录以《国民经济行业分类》为基础，是一个动态更新名录，它将根据法律法规的最新要求和环境管理的需要进行动态更新。

 22. 如何确定排污单位管理类别？

答：《排污许可管理条例》第二条和第二十四条规定，根据排污单位污染物产生量、排放量、对环境的影响程度等因素，对排污单位实行排污许可分类管理：

（1）污染物产生量、排放量或者对环境的影响程度较大的排污单位，实行排污许可重点管理；

（2）污染物产生量、排放量和对环境的影响程度都较小的排污单位，实行排污许可简化管理；

（3）污染物产生量、排放量和对环境的影响程度都很小的排污单位，应当填报排污登记表，不需要申请取得排污许可证。

排污单位首先应按照《2017 年国民经济行业分类注释》（可于国家统计局官网下载），找到排污单位所属行业类别（细分至四位行业代码），然后根据《固定污染源排污许可分类管理名录（2019 年版）》对应的分类管理类别的判定要求进行确定。

举例：某汽车厂，生产上年使用稀释剂 5 吨、固化剂 4 吨、涂料 10 吨。

解答：根据《固定污染源排污许可分类管理名录（2019年版）》第85项：①若该排污单位在本辖区重点排污单位名录内，则属于重点管理；②若不在重点排污单位名录内，但是属于汽车整车制造，则属于简化管理；③若不在重点排污单位名录内，但是属于汽车零部件制造，年使用胶粘剂9吨、涂料10吨（溶剂型涂料），则属于简化管理；④若不在重点排污单位名录内，且不属于汽车整车制造，年使用胶粘剂9吨、涂料10吨（非溶剂型涂料），则属于登记管理。

同一排污单位在同一场所同时涉及重点管理、简化管理（含通用工序）及登记管理的行业，重点管理和简化管理的行业只须按从严原则申领一张重点管理的排污许可证，各行业部分的自行监测等管理要求按照各自行业的技术规范进行申报即可，登记管理的内容在许可证的申请模块中进行补充登记。

实行登记管理的排污单位，不需要申请取得排污许可证，但应当在全国排污许可证管理信息平台填报排污登记表，登记基本信息、污染物排放去向、执行的污染物排放标准以及采取的污染防治措施等信息。

23. 排污单位需要在什么时候申领国家排污许可证？

答：根据《排污许可管理条例》第二条、《排污许可管理办法（试行）》第二十四条规定，新改扩建项目须在生产设施启动或者实际产生排污行为之前取得排污许可证；未取得排污许可证的，不得排放污染物。

24. 排污单位应向谁申领排污许可证？

答：排污许可证实行市、区县分级核发。

（1）由生态环境部、重庆市生态环境局审批环评的新改扩建项目的排污许可证由重庆市生态环境局核发，排污单位向重庆市生态环境局申领。

（2）其余排污单位按照属地管理原则向生产经营所在地生态环境部门申领排污许可证。

25. 处于停产阶段的排污单位是否需要申领国家排污许可证？

答：对于长期停产的排污单位，先填报排污登记表并应在恢复生产前申请排污许可证，同时须在排污登记表中注明"恢复生产前申请国家排污许可证"。

26. 排污许可证或者排污登记办理途径是什么？

答：（1）申领排污许可证：国家排污许可证统一在"全国排污许可证管理信息平台（公开端）"（http：//permit/mep/gov/cn/）进行网上申报，按照"注册、登录、申请、提交"的流程依次办理。排污单位首次使用系统时，须自行注册账户，并用此账户登录，办理排污许可所有申报审批事项。网上提交成功后，排污单位还须将纸质资料签字盖章后报送审批部门。

申请材料包括：①排污许可证申请表；

②自行监测方案；

③由排污单位法定代表人或者主要负责人签字或者盖章的承诺书；

④排污单位有关排污口规范化的情况说明；

⑤建设项目环境影响报告书（表）批准文件或者环境影响登记表备案材料；

⑥属于实行排污许可重点管理的，排污单位在提出申请前已通过全国排污许可证管理信息平台公开单位基本信息、拟申请许可事项的说明材料；

⑦属于城镇和工业污水集中处理设施的，排污单位的纳污范围、管网布置、最终排放去向等的说明材料；

⑧属于排放重点污染物的新建、改建、扩建项目以及实施技术改造项目的，排污单位通过污染物排放量削减替代获得重点污染物排放总量控制指标的说明材料；

⑨法律、法规、规章规定的其他材料。

（2）排污登记：在"全国排污许可证管理信息平台（公开端）"（http：//permit/mep/gov/cn/）注册、填报→系统自动生成编号和回执→企业自行打印。

27. 排污许可证申请表有什么填报要求？

答：申请表需要在全国排污许可证管理信息平台进行填报，填报的内容需要符合国家颁布的排污许可证申请与核发技术规范。有行业技术规范的行业，须按照相关行业技术规范进行填报；无行业技术规范的行业须按照《排污许可证申请与核发技术规范总则》（HJ942—

2018）进行填报，相关技术规范和标准均可在平台下载。

28. 同一法人企业生产经营地址不同，应该办理几张国家排污许可证？

答：根据《排污许可管理办法（试行）》第七条，同一法人单位或者其他组织所属、位于不同生产经营场所的排污单位，应当以其所属的法人单位或者其他组织的名义，分别向生产经营场所所在地有核发权的环境保护主管部门（现为生态环境主管部门）申请排污许可证。

29. 排污登记的范围、时限与方式是如何规定的？

答：根据《排污许可管理条例》第二十四条，污染物产生量、排放量和对环境的影响程度都很小的企业事业单位和其他生产经营者，应当填报排污登记表，不需要申请取得排污许可证。

需要填报排污登记表的企业事业单位和其他生产经营者，应当在全国排污许可证管理信息平台上填报基本信息、污染物排放去向、执行的污染物排放标准以及采取的污染防治措施等信息；填报的信息发生变动的，应当自发生变动之日起 20 日内进行变更填报。

30. 满足哪些条件可以核发排污许可证？

答：根据《排污许可管理条例》第十一条，对具备下列条件的排污单位，颁发排污许可证：

（1）依法取得建设项目环境影响报告书（表）批准文件，或者已经办理环境影响登记表备案手续；

（2）污染物排放符合污染物排放标准要求，重点污染物排放符合排污许可证申请与核发技术规范、环境影响报告书（表）批准文件、重点污染物排放总量控制要求；其中，排污单位生产经营场所位于未达到国家环境质量标准的重点区域、流域的，还应当符合有关地方人民政府关于改善生态环境质量的特别要求；

（3）采用污染防治设施可以达到许可排放浓度要求或者符合污染防治可行技术；

（4）自行监测方案的监测点位、指标、频次等符合国家自行监测规范。

 ## 31. 哪些情形不予核发排污许可证？

答：根据《排污许可管理办法（试行）》第二十八条，对存在下列情形之一的，核发环保主管部门（现为生态环境主管部门）不予核发排污许可证：

（1）位于法律法规规定禁止建设区域内的；

（2）属于国务院经济综合宏观调控部门会同国务院有关部门发布的产业政策目录中明令淘汰或者立即淘汰的落后生产工艺装备、落后产品的；

（3）法律法规规定不予许可的其他情形。

32. 哪些情形会撤销、吊销排污许可证？

答：根据《排污许可管理条例》第四十条，排污单位以欺骗、贿赂等不正当手段申请取得排污许可证的，由审批部门依法撤销其排污许可证，处 20 万元以上 50 万元以下的罚款，3 年内不得再次申请排污许可证。

根据《排污许可管理条件》第四十一条，排污单位违反本条例规定，伪造、变造、转让排污许可证的，由生态环境主管部门没收相关证件或者吊销排污许可证，处 10 万元以上 30 万元以下的罚款，3 年内不得再次申请排污许可证。

 33. 哪些情形应申请排污许可证变更？哪些情形应当重新申请取得排污许可证？

答：根据《排污许可管理条例》第十四条，排污单位变更名称、住所、法定代表人或者主要负责人的，应当自变更之日起 30 日内，向审批部门申请办理排污许可证变更手续。

根据《排污许可管理条例》第十六条，排污单位适用的污染物排放标准、重点污染物总量控制要求发生变化，需要对排污许可证进行变更的，审批部门可以依法对排污许可证相应事项进行变更。

根据《排污许可管理条例》第十五条，在排污许可证有效期内，排污单位有下列情形之一的，应当重新申请取得排污许可证：

（1）新建、改建、扩建排放污染物的项目；

（2）生产经营场所、污染物排放口位置或者污染物排放方式、排放去向发生变化；

（3）污染物排放口数量或者污染物排放种类、排放量、排放浓度增加。

34. 哪些情形应注销排污许可证？

答：根据《排污许可管理办法（试行）》第五十条，有下列情形之一的，核发环保主管部门（现为生态环境主管部门）应当依法办理排污许可证的注销手续，并在全国排污许可证管理信息平台上公告：

（1）排污许可证有效期届满，未延续的；

（2）排污单位被依法终止的；

（3）应当注销的其他情形。

35. 排污许可证发生遗失、损毁的，如何补办？

答：根据《排污许可管理办法（试行）》第五十一条，排污许可证发生遗失、损毁的，排污单位应当在三十个工作日内向核发环保主管部门（现为生态环境主管部门）申请补领排污许可证；遗失排污许可证的，在申请补领前应当在全国排污许可证管理信息平台上发布遗失声明；损毁排污许可证的，应当同时交回被损毁的排污许可证。

核发环保主管部门（现为生态环境主管部门）应当在收到补领申请后十个工作日内补发排污许可证，并在全国排污许可证管理信息平台上公告。

36. 哪些情形属于无证排污或视为"无证排污"? 无证排污会承担哪些法律责任?

答：根据《排污许可管理条例》第三十三条，排污单位有下列行为之一的，由生态环境主管部门责令改正或者限制生产、停产整治，处 20 万元以上 100 万元以下的罚款；情节严重的，报经有批准权的人民政府批准，责令停业、关闭：

（1）未取得排污许可证排放污染物；

（2）排污许可证有效期届满未申请延续或者延续申请未经批准排放污染物；

（3）被依法撤销、注销、吊销排污许可证后排放污染物；

（4）依法应当重新申请取得排污许可证，未重新申请取得排污许可证排放污染物。

37. 哪些情形属"未按证排污"行为? 未按证排污会承担哪些法律责任?

答：根据《排污许可管理条例》第三十四条，排污单位有下列行为之一的，由生态环境主管部门责令改正或者限制生产、停产整治，处 20 万元以上 100 万元以下的罚款；情节严重的，吊销排污许可证，报经有批准权的人民政府批准，责令停业、关闭：

（1）超过许可排放浓度、许可排放量排放污染物；

（2）通过暗管、渗井、渗坑、灌注或者篡改、伪造监测数据，或者不正常运行污染防治设施等逃避监管的方式违法排放污染物。

根据《排污许可管理条件》第四十四条，排污单位有下列行为之一，尚不构成犯罪的，除依照本条例规定予以处罚外，对其直接负责的主管人员和其他直接责任人员，依照《中华人民共和国环境保护法》的规定处以拘留：

（1）未取得排污许可证排放污染物，被责令停止排污，拒不执行；

（2）通过暗管、渗井、渗坑、灌注或者篡改、伪造监测数据，或者不正常运行污染防治设施等逃避监管的方式违法排放污染物。

根据《排污许可管理条件》第三十五条，排污单位有下列行为之一的，由生态环境主管部门责令改正，处 5 万元以上 20 万元以下的罚款；情节严重的，处 20 万元以上 100 万元以下的罚款，责令限制生产、停产整治：

（1）未按照排污许可证规定控制大气污染物无组织排放；

（2）特殊时段未按照排污许可证规定停止或者限制排放污染物。

根据《排污许可管理条件》第三十六条，排污单位有下列行为之一的，由生态环境主管部门责令改正，处 2 万元以上 20 万元以下的罚款；拒不改正的，责令停产整治：

（1）污染物排放口位置或者数量不符合排污许可证规定；

（2）污染物排放方式或者排放去向不符合排污许可证规定；

（3）损毁或者擅自移动、改变污染物排放自动监测设备；

（4）未按照排污许可证规定安装、使用污染物排放自动监测设备并与生态环境主管部门的监控设备联网，或者未保证污染物排放自动监测设备正常运行；

（5）未按照排污许可证规定制定自行监测方案并开展自行监测；

（6）未按照排污许可证规定保存原始监测记录；

（7）未按照排污许可证规定公开或者不如实公开污染物排放信息；

（8）发现污染物排放自动监测设备传输数据异常或者污染物排放

超过污染物排放标准等异常情况不报告；

（9）违反法律法规规定的其他控制污染物排放要求的行为。

 38. 领取排污许可证后，按证排污包括哪些要求？

答：排污单位应当在生产经营场所内方便公众监督的位置悬挂排污许可证正本，严格按照排污许可证规定的许可事项排放污染物，并严格遵守各项管理要求。

（1）排污单位承诺按照排污许可证的规定排污并严格执行；

（2）落实污染物排放控制措施以确保污染物排放种类、浓度和排放量等达到许可要求；

（3）落实自行监测、环境台账、执行报告及信息公开等环境管理要求。

 39. 排污许可证规定的环境管理要求有哪些？

答：环境管理要求由核发生态环境主管部门根据排污单位的申请材料、相关技术规范和监管需要，在排污许可证副本中进行规定。

（1）污染防治设施运行和维护、无组织排放控制等要求；

（2）自行监测要求、台账记录要求、执行报告内容和频次等要求；

（3）排污单位信息公开要求；

（4）法律法规规定的其他事项。

40. 排污单位如何规范台账记录？

答：环境管理台账指排污单位根据排污许可证的规定，对自行监测、落实各项环境管理要求等行为的具体记录。记录形式分为电子台账和纸质台账。记录内容包含基本信息、生产设施运行管理信息、污染治理设施运行管理信息、监测记录信息、其他环境管理信息（无组织、特殊时段）5 类。台账保存期限不少于 5 年。排污单位可登录平台进入"台账记录"模块，下载相应类型的台账模板进行参考。

41. 排污单位如何按时规范提交执行报告？

答：执行报告指排污单位根据排污许可证和相关规范的规定，对自行监测、污染物排放及落实各项环境管理要求等行为的定期报告，包括电子报告和书面报告两种形式。年度执行报告首次提交时间为持证时间超过三个月的自然年，季度执行报告首次提交时间为持证时间超过一个月的自然季度。执行报告应依据行业技术规范规定，经资料收集与分析、编制、质量控制、提交等四个步骤完成。

（1）年度执行报告内容包括：基本信息、生产与污染防治设施运行情况、自行监测与台账记录执行情况、实际排放情况及合规判定分析、信息公开与内部环境管理体系建设运行情况、其他规定的执行情况和需要说明的问题、结论、附图附件等；

（2）季度/月执行报告内容包括：污染物实际排放浓度和排放量、达标判定分析、超标排放或污染防治设施异常情况说明等。

持证排污单位填报执行报告时，生产设施、治理设施和排放口编码应与排污许可证副本中的《编码对照表》相对应。

42. 排污许可管理对停产单位有哪些要求?

答：根据《排污许可管理条例》第二十二条，排污许可证有效期内发生停产的，排污单位应当在排污许可证执行报告中如实报告污染物排放变化情况并说明原因。

 43. 未按规定开展自行监测会承担哪些法律责任?

答：根据《排污许可管理条例》第三十六条，排污单位有下列行为的由生态环境主管部门责令改正，处 2 万元以上 20 万元以下的罚款；拒不改正的，责令停产整治：

（1）未按照排污许可证规定安装、使用污染物排放自动监测设备并与生态环境主管部门的监控设备联网，或者未保证污染物排放自动监测设备正常运行；

（2）未按照排污许可证规定制定自行监测方案并开展自行监测；

（3）未按照排污许可证规定保存原始监测记录。

 44. 排污单位如何开展自行监测?

答：（1）排污单位应查清所有污染源，确定主要污染源及主要监测指标，制定监测方案。

（2）排污单位应按照规定设置满足开展监测所需要的监测设施。

（3）排污单位应按照最新的监测方案开展监测活动，可根据自身条件和能力，利用自有人员、场所和设备自行监测；也可委托其他有资质的检（监）测机构代其开展自行监测。

（4）排污单位应建立自行监测质量管理制度，按照相关技术规范要求做好监测质量保证与质量控制。

（5）排污单位应做好与监测相关的数据记录，按照规定进行保存，并依据相关法规向社会公开监测结果。

（6）排污单位应当按照排污许可证规定和有关标准规范，依法开展自行监测，并保存原始监测记录。原始监测记录保存期限不得少于5年。

（7）排污单位应当对自行监测数据的真实性、准确性负责，不得篡改、伪造。

 45. 自行监测方案应包含哪些主要内容？

答：单位基本情况、监测点位及示意图、监测指标、执行标准及其限值、监测频次、采样和样品保存方法、监测分析方法和仪器、质量保证与质量控制等。

 46. 编制自行监测方案应注意什么？

答：（1）所有监测点位均应在监测方案中通过语言描述、图形示意等形式明确体现。描述内容包括监测点位的平面位置及污染物的排放去向等。

（2）所有监测指标采用表格、语言描述等形式明确体现，监测指标应与监测点位相对应，监测指标内容包括每个监测点位应监测的指标名称、排放限值、排放限值的来源（如标准名称、编号）等。

（3）监测频次应与监测点位、监测指标相对应，每个监测点位的每项监测指标的监测频次都应详细注明。

（4）监测技术包括手工监测、自动监测两种，排污单位可根据监测成本、监测指标以及监测频次等，合理选择适当的监测技术。对于相关管理规定要求采用自动监测的指标，应采用自动监测技术；对于监测频次高、自动监测技术成熟的监测指标，应优先选用自动监测技术；其他监测指标，可选用手工监测技术。

47. 对纳入重点排污单位管理的企业，其污水进入污水处理厂处理，是否可以不安装在线监控设备？政府有没有安装或运维补贴？

答：按照相关法律规定，纳入废气、废水重点排污单位名录的企业以及实行排污许可重点管理的排污单位应依法安装自动监测设备。这里分两种情况，已核发排污许可证的应当按照许可证要求实施自动监控，未核发许可证的参考已发布的相关行业排污许可证申请与核发技术规范和企业自行监测技术指南实施自动监控。

对于企业污水进入污水处理厂处理的，实施排口自动监控时应按照排污许可证规定的监测方式开展。

现行的管理规定暂时没有对企业安装自动监测设备依法履职行为考虑财政补贴。中共中央办公厅、国务院办公厅印发《关于深化环境监测改革提高环境监测数据质量的意见》和原环境保护部办公厅下发的《关于规范环境监测与评估收费有关事项的通知》，均明确企业自动监测设备的购置、安装、运维以及开展其他监测服务所产生的费用，均应由企业自行承担。

 48. 哪些企业需要购买排污权，需要购买哪些指标？

答：直接或间接向环境排放污染物的企业事业单位和其他生产经营者（即排污单位），都需要按规定有偿获取和使用排污权。

（1）现有和新建的工业企业，污染物指标包括污水（化学需氧量、氨氮）、废气（二氧化硫、氮氧化物）以及工业垃圾（一般工业固体废物）。

（2）现有和新建的规模化畜禽养殖场，污染物指标包括污水（化学需氧量、氨氮）。

（3）现有和新建服务业企业，污染物指标包括污水以及生活垃圾。

目前，我市仅印发《重庆市工业企业排污权有偿使用和交易工作实施细则》，尚未出台其他行业企业对应实施细则。

 49. 企业如何参与排污权有偿使用和交易？

答：企业的排污权有偿使用和交易按照账户开设、核定申请、有偿获取和使用、清算清缴等程序进行。

（1）账户开设：企业首次参与排污权有偿使用和交易前，应向当地生态环境部门申请开设排污权登记及交易账户，也可通过排污权管理系统申请开户。

（2）核定初始排污权：企业填写《重庆市排污权核定申请表》，提交给当地生态环境部门完成审核并制作《重庆市排污权核定通知书》。

（3）有偿获取排污权：企业依据《重庆市排污权核定通知书》，到重庆联合产权交易所申请购买排污权。企业有偿获取《重庆市排污权核定通知书》规定的排污权数量后，重庆资源与环境交易中心出具《排污权使用登记凭证》。

（4）有偿使用排污权：企业依据上述登记凭证，到相关生态环境部门办理后续环保业务，并组织生产经营活动，按规定排放相关污染物（使用排污权）。

（5）清算清缴排污权：企业排污权使用期限到期后，应按规定向相关生态环境部门申请对其污染物排放量（排污权实际使用量）进行核算。重庆资源与环境交易中心依据核算结果，对企业排污权使用量进行清算，出具《重庆市排污权使用量清算结果通知书》；若企业账户持有排污权数量不足，同时向企业出具《补充购买通知书》。若企业账户持有排污权数量有结余，可结转至后续排污许可有效期继续使用，也可申请转让或质押。

（6）解散、注销、停止生产经营或者迁出我市的企业，须按规定向相关生态环境主管部门申请清算其排污权使用量，并按规定履行排污权清缴义务后，补购或处置结余的排污权。

（7）企业排污权的取得、转让、清缴、变更、抵押等行为均须通过排污权管理系统进行记载和统一管理。排污权管理系统网址为 http://pwq.cqggzy.com，通过重庆市生态环境局网站（http://sthjj.cq.gov.cn）的"政务公开/业务系统"栏目相应链接进入也可。

参考文件：《排污许可管理条例》、《国务院办公厅关于印发控制污染物排放许可制实施方案的通知》、《重庆市人民政府办公厅关于印发重庆市控制污染物排放许可制实施计划的通知》、《排污许可管理办法（试行）》（环境保护部部令第 48 号发布，生态环境部部令第 7 号修改）、《排污许可证申请与核发技术规范总则》（HJ942—2018）、《重庆市人民

政府办公厅关于印发重庆市进一步推进排污权（污水、废气、垃圾）有偿使用和交易工作实施方案的通知》、《重庆市环境保护局关于印发重庆市工业企业排污权有偿使用和交易工作实施细则的通知》

碳排放管理篇

五、碳中和与碳排放管理

50. 哪些企业应纳入我市碳排放权交易管理范围？

答：根据《重庆市碳排放权交易管理暂行办法》《重庆市碳排放配额管理细则（试行）》有关规定，将 2008—2012 年任一年度排放量达到 2 万吨二氧化碳当量的工业企业纳入重庆地方碳市场管理范围。将已关闭的企业及转入全国碳市场的企业从企业管理名单中移除。重庆市生态环境局每年在官方网站公布当年纳入重庆地方碳市场管理规范的企业名单。

51. 纳入我市碳市场管理的企业如何参与我市碳排放权交易？

答：根据《重庆市碳排放权交易管理暂行办法》第四章相关要求，我市建立了碳排放权交易制度。参与我市碳排放权交易活动的企业，应当在重庆碳排放权注册登记系统和重庆碳排放权交易系统开设账户（开户指南详见"重庆碳排放权交易中心"官方网站），在规定时间内通过注册登记账户提交与重庆市生态环境局审定的年度碳排放量相当的配额，履行清缴义务。配额管理单位获得的年度配额可以进行交易，但卖出的配额数量不得超过其所获年度配额的 50%，通过交易获得的配额和储存的配额不受此限。交易的方式有公开竞价、协议转让及其他符合国家和本市有关规定的方式。

52. 纳入我市碳市场管理的企业在碳排放履约过程中出现违约行为，会面临哪些惩戒措施？

答：根据《重庆市碳排放权交易管理暂行办法》第三十六条相关要求，纳入我市碳市场管理的配额管理单位未按照规定报送碳排放报告、拒绝接受核查和履行配额清缴义务的，由重庆市生态环境局责令限期改正；逾期未改正的，可以采取下列措施：

（1）公开通报其违规行为；

（2）3 年内不得享受节能环保及应对气候变化等方面的财政补助资金；

（3）3 年内不得参与各级政府及有关部门组织的节能环保及应对气候变化等方面的评先评优活动；

（4）配额管理单位属本市国有企业的，将其违规行为纳入国有企业领导班子绩效考核评价体系。

53. "碳惠通" 项目需要符合哪些条件？

答："碳惠通" 项目包括非水可再生能源、绿色建筑、交通领域的二氧化碳减排，森林碳汇、农林领域的甲烷减少及利用，垃圾填埋处理及污水处理等方式的甲烷利用等项目，以及根据 "十四五" 重庆市应对气候变化工作实际，重庆市生态环境局允许抵消的其他温室气体减排项目。项目应当同时满足三个要求：一是项目投入运行的时间应于 2014 年 6 月 19 日之后，二是项目减排量应产生于 2016 年 1 月 1 日之后，三是项目全部减排量原则上均应产生在重庆市行政区域内。

54. 申请"碳惠通"项目有哪些程序？

答：申请"碳惠通"方法学、"碳惠通"项目、CQCER 备案主要包括以下程序：

（1）第一步，准备申请材料：

①"碳惠通"方法学备案须向市生态环境局申请，备案时提交备案申请函、备案表、编制说明和该方法学所依托项目的设计文件。

②申请备案的"碳惠通"项目在申请前应由审定核证机构审定，并出具项目审定报告。申请"碳惠通"项目备案须向市生态环境局提交的材料包括：备案申请函和申请表、项目概况说明、企业营业执照复印件、法规要求的项目备案及环评审批文件或其他相关主管部门审批的文件、项目设计文件和项目审定报告。

③经备案的"碳惠通"项目产生 CQCER 后，申请方在向市生态环境局申请 CQCER 备案前，应由审定核证机构核证，并出具核证报告。申请方向市生态环境局申请 CQCER 备案时须提交备案申请函和申请表、监测报告和核证报告。

（2）第二步，市生态环境局接到"碳惠通"方法学、"碳惠通"项目、CQCER 备案申请材料后，根据工作需要组织技术评估，评估时间不超过 30 个工作日。

（3）第三步，重庆市生态环境局根据技术评估意见对符合要求的

"碳惠通"方法学、"碳惠通"项目、CQCER 予以备案，运营主体在"碳惠通"平台上进行登记管理。

 55. 气候投融资支持项目范围包括哪些？

答：气候投融资支持项目范围包括减缓气候变化和适应气候变化两个方面。其中，减缓气候变化包括调整产业结构，积极发展战略性新兴产业；优化能源结构，大力发展非化石能源；开展碳捕集、利用与封存试点示范；控制工业、农业、废弃物处理等非能源活动温室气体排放；增加森林、草原及其他碳汇等。适应气候变化包括提高农业、水资源、林业和生态系统、海洋、气象、防灾减灾救灾等重点领域适应能力；加强适应基础能力建设，加快基础设施建设、提高科技能力等。

 56. 企业如何实现碳中和？

答：企业实现碳中和主要有三个步骤：一是开展企业碳排放核算。按照规则，对企业碳排放量情况进行测算，摸清企业实际碳排放量。二是开展企业节能减排。通过对企业碳排放源清查，了解企业实际的碳排放源和排放量，有针对性地制定减排措施，减少企业碳排放量。三是实现碳中和。对于通过减排仍不能减少的碳排放量，可以通过植树造林、购买等量核证自愿减排量实现碳排放的抵消。

 57. 企业开展碳减排的路径有哪些?

答:企业碳减排主要路径包括:一是能效提升,通过提升能源转化效率,降低单位产出能耗,减少碳排放。二是开发使用绿色能源,利用风光水电、氢气、天然气等清洁能源替代燃煤、石油等传统化石能源,减少碳排放。三是采用绿色低碳技术,积极采用绿色低碳技术,包括使用新能源汽车、绿色电力、高效储能、可再生能源、智慧能源管理、高效节能技术、先进环保处理设施、资源循环利用等。四是开展碳捕集,将生产过程排放的二氧化碳收集起来,并用技术手段加以循环利用。

 58. 企业如何开展碳排放权交易?

答:目前碳排放权交易分为全国碳市场和重庆碳市场。属于全国碳排放权交易市场覆盖行业且年度温室气体排放量达到 2.6 万吨二氧化碳当量的企业,纳入全国碳排放权交易市场重点排放单位名录,在全国市场交易。属于重庆市内碳排放权交易市场覆盖行业且年度温室气体排放量达到 2 万吨二氧化碳当量的企业,纳入重庆市碳排放权交易市场重点排放单位名录,在重庆市场交易。

碳排放权实行配额管理,即重庆市生态环境局根据企业碳排放情况分配一定碳排放额度。如果企业碳排放超过这个额度,则需要到碳排放权交易市场去购买超过的那部分碳排放额。目前重庆市有 150 余家企业纳入碳排放配额管理,今后还将进一步扩大。相关企业需要通过本市碳排放权注册登记系统开展集中统一注册登记,并在重庆联合产权交易所(联交所)开设交易账户,取得交易主体资格,根据需要开展碳排放权交易。

参考文件：《重庆市碳排放权交易管理暂行办法》《重庆市碳排放配额管理细则（试行）》《关于促进应对气候变化投融资的指导意见》《重庆市生态环境局关于印发重庆市"碳惠通"生态产品价值实现平台管理办法（试行）的通知》

水环境管理篇

六、水污染物排放与管理

 59. 长江干支流岸线对哪些新建项目有管控？

答：根据《中华人民共和国长江保护法》第二十六条，禁止在长江干支流岸线一公里范围内新建、扩建化工园区和化工项目；禁止在长江干流岸线三公里范围内和重要支流岸线一公里范围内新建、改建、扩建尾矿库，但是以提升安全、生态环境保护水平为目的的改建除外。

 60. 国家对重点水污染物排放是如何控制的？

答：根据《中华人民共和国长江保护法》第二十一条，国务院生态环境主管部门根据水环境质量改善目标和水污染防治要求，确定长江流域各省级行政区域重点污染物排放总量控制指标。长江流域水质超标的水功能区，应当实施更严格的污染物排放总量削减要求，企业事业单位应当按照要求，采取污染物排放总量控制措施。

61. 长江流域可否新建大中型水电工程？

答：根据《中华人民共和国长江保护法》第二十三条，国家加强对长江流域水能资源开发利用的管理。因国家发展战略和国计民生需要，在长江流域新建大中型水电工程，应当经科学论证，并报国务院或者国务院授权的部门批准。

62. 工业废水排入污水集中处理设施有何环保要求？

答：根据《中华人民共和国水污染防治法》第四十五条，向污水集中处理设施排放工业废水的，应当按照国家有关规定进行预处理，达到集中处理设施处理工艺要求后方可排放。

63. 企业落后工艺和设备是否可以转让、出售？

答：根据《中华人民共和国水污染防治法》第四十六条，国家对严重污染水环境的落后工艺和设备实行淘汰制度。依照本条规定被淘汰的设备，不得转让给他人使用。

64. 工业集聚区是否需要自行建设污水处理设施？

答：根据《中华人民共和国水污染防治法》第四十五条，工业集聚区应当配套建设相应的污水集中处理设施，安装自动监测设备，与环境保护主管部门的监控设备联网，并保证监测设备正常运行。

 65. 含有毒有害水污染物的工业废水如何排放?

答:根据《中华人民共和国水污染防治法》第四十五条,排放工业废水的企业应当采取有效措施,收集和处理产生的全部废水,防止污染环境。含有毒有害水污染物的工业废水应当分类收集和处理,不得稀释排放。

 66. 工业废水可否排入城乡污水处理设施?

答:根据《重庆市水污染防治条例》第三十二条,排入城乡生活污水集中处理设施的水污染物,应当符合国家和本市规定的水污染物排放标准。

 67. 水污染事故处置费用应当由谁来承担?

答:根据《重庆市水污染防治条例》第二十五条,水污染事故处置及事后恢复所需费用,由造成水污染事故的企业事业单位或者生产经营者承担。

根据《重庆市水污染防治条例》第二十六条,鼓励企业事业单位和其他生产经营者根据环境安全的需要,投保环境污染责任保险。

68. 化工类项目可否在工业集聚区之外开展改扩建工程?

答:根据《重庆市水污染防治条例》第二十八条,新建化工项目应当进入全市统一布局的化工产业集聚区。禁止在化工产业集聚区外扩建化工项目。鼓励现有工业项目、化工项目分别搬入工业集聚区、化工产业集聚区。

69. 工业集聚区内对水环境可能存在安全隐患的项目，应当采取哪些措施防范水环境风险？

答：根据《重庆市水污染防治条例》第二十九条，工业集聚区内的项目对水环境存在安全隐患的，应当建立车间、工厂和集聚区三级环境风险防范体系。

70. 新建、改建、扩建直接或者间接向水体排放污染物的建设项目和其他水上设施，需要办理环境影响评价吗？

答：根据《重庆市水污染防治条例》第十五条，新建、改建、扩建直接或者间接向水体排放污染物的建设项目和其他水上设施，应当依法进行环境影响评价。建设项目的水污染防治设施，应当与主体工程同时设计、同时施工、同时投入使用。水污染防治设施应当符合经批准或者备案的环境影响评价文件的要求。

71. 企业事业单位和其他生产经营者、城乡污水集中处理设施的运营单位，需要取得排污许可证吗？

答：根据《重庆市水污染防治条例》第十六条，直接或者间接向水体排放工业废水和医疗污水以及其他按照规定应当取得排污许可证方可排放废水、污水的企业事业单位和其他生产经营者，城乡污水集中处理设施的运营单位，应当按照规定取得排污许可证。排污许可证

应当明确排放水污染物的种类、浓度、总量和排放去向等要求。禁止企业事业单位和其他生产经营者无排污许可证或者违反排污许可证的规定向水体排放废水、污水。

72. 企业事业单位和其他生产经营者，需要设置排污口吗？

答：根据《重庆市水污染防治条例》第十七条，企业事业单位和其他生产经营者应当按照相关要求依法设置排污口，并确保排污口污水达标排放。排污口应当设置明显标志牌，标明监督管理单位和投诉举报电话等。

73. 企业事业单位和其他生产经营者，需要如何管理水污染设施呢？

答：根据《重庆市水污染防治条例》第十八条，企业事业单位和其他生产经营者应当保持水污染防治设施的正常使用，如实记录污染防治设施的运行、维护和污染物排放等情况备查。

74. 企业事业单位和其他生产经营者，需要开展自行监测工作吗？

答：根据《重庆市水污染防治条例》第十八条，实行排污许可管理的企业事业单位和其他生产经营者应当按照国家有关规定和监测规范，对所排放的水污染物自行监测，保存原始监测记录，并对监测数据的真实性和准确性负责。

75. 重点排污单位，需要安装水污染物排放自动监测设备吗？

答：根据《重庆市水污染防治条例》第十八条，重点排污单位应当按照国家和本市有关规定安装水污染物排放自动监测设备，与生态环境主管部门的监控设备联网，并保证监测设备正常运行。

76. 哪些情况属于逃避监管的方式排放水污染物？

答：根据《重庆市水污染防治条例》第十八条，禁止利用渗井、渗坑、裂隙、溶洞，私设暗管，篡改、伪造监测数据，或者不正常运行水污染防治设施等逃避监管的方式排放水污染物。

77. 生态环境主管部门和有关监督管理部门有权进行现场检查吗？

答：根据《重庆市水污染防治条例》第二十条，生态环境主管部门和有关监督管理部门，有权对管辖范围内企业事业单位和其他生产经营者的污染物排放情况、污染防治情况、环境风险防范情况以及各项环境保护法律制度的执行情况进行现场检查。被检查者应当提供必要资料，如实反映情况，不得拒绝、阻挠和拖延检查。检查者应当出示有关证件，并为被检查者保守检查中获取的商业秘密。现场检查可以采取采样、检测、摄影、摄像、文字记录和查阅、复制有关资料等方式，检查结果应当作为实施监督管理的依据。

七、涉养殖与饮用水水源地管理

78.哪些区域内禁止建立畜禽养殖场、发展养殖专业户？

答：根据《重庆市水污染防治条例》第四十二条，禁止在下列区域内建立畜禽养殖场、发展养殖专业户：

（1）饮用水水源保护区、风景名胜区、湿地公园、森林公园；

（2）自然保护区的核心区和缓冲区；

（3）主城区各街道辖区，其他区县（自治县）的城市建成区以及绕城高速公路环线以内的其他区域，以及除前述区域以外的其他城镇居民区、文化教育科学研究区等人口集中区域；

（4）长江干流和重要支流水域及其两百米内的陆域；

（5）法律、法规规定需特殊保护的其他区域。

79.从事水产养殖活动时应当如何保护水域生态环境？

答：根据《重庆市水污染防治条例》第四十八条，从事水产养殖应当保护水域生态环境，科学确定养殖密度，合理投饵和使用药物，防止污染水环境。禁止从事对水体有污染的网箱、网栏养殖。禁止采用向水体投放化肥、粪便、动物尸体（肢体、内脏）、动物源性饲料等污染水体的方式从事水产养殖。

80. 在饮用水水源准保护区内、饮用水水源二级保护区内和饮用水水源一级保护区内应该禁止哪些违法行为？

答：根据《重庆市水污染防治条例》第五十二、五十三、五十四条：

（1）在饮用水水源准保护区内禁止下列行为：①设置排污口；②新建、扩建对水体污染严重的建设项目，改建增加排污量的建设项目；③堆放、存贮可能造成水体污染的物品；④违反法律、法规规定的其他行为。

（2）在饮用水水源二级保护区内，除遵守准保护区管理规定外，还应当禁止下列行为：

①新建、改建、扩建排放污染物的建设项目；

②设置从事危险化学品、煤炭、矿砂、水泥等装卸作业的货运码头、建筑物、构筑物；

③设置水上经营性餐饮、娱乐设施；

④从事采砂、对水体有污染的水产养殖、放养畜禽等活动；

⑤新增使用农药、化肥的农业种植和经济林。

（3）在饮用水水源一级保护区内，除遵守准保护区、二级保护区管理规定外，还应当禁止下列行为：

①新建、改建、扩建与供水设施和保护水源无关的建设项目；

②从事网箱养殖、旅游、游泳、垂钓或者其他可能污染饮用水水体的活动；

③新增农业种植。

参考文件：《长江保护法》《中华人民共和国水污染防治法》《重庆市水污染防治条例》

大气环境管理篇

八、大气污染物防治管理

 81. 挥发性有机物包含哪些？

答：挥发性有机物（VOCs）是指能参与大气光化学反应的有机化合物，或者根据规定的方法测量或核算确定的有机化合物。

按照 VOCs 的化学结构，可将其分为 8 类：烷烃类、芳香烃类、烯烃类、卤代烃类、酯类、醛类、酮类和其他化合物。

常见的 VOCs 有苯、甲苯、二甲苯、苯系物、三氯乙烯、三氯甲烷、三氯乙烷、二异氰酸酯（TDI）、二异氰甲苯酯等。

 82. 挥发性有机物污染防治的技术体系由哪几部分构成？

答：主要由源头替代、过程控制、末端治理、精细管控四部分构成。

83. 挥发性有机物原辅材料的源头替代材料有哪些？

答：（1）石化/化工行业主要使用低（无）VOCs 含量、低反应活性的原辅材料，加快对芳香烃、含卤素有机化合物的绿色替代。

（2）包装印刷行业可选择水性、辐射固化、植物基等低 VOCs 含量的油墨，可选择水基、热熔、无溶剂、辐射固化、改性、生物降解等低 VOCs 含量的粘胶剂，可选择低 VOCs 含量、低反应活性的清洗剂。

（3）工业涂装行业可选择水性、粉末、高固体分、无溶剂、辐射固化等低 VOCs 含量的涂料。

84. 挥发性有机物无组织排放的排放源有哪些？该如何管理？

答：对含 VOCs 物料储存、转移和输送、设备与管线组件泄露、敞开液面逸散以及工艺过程等五类排放源实施管控，通过采取设备与场所密闭、工艺改进、废气有效收集等措施，削减 VOCs 无组织排放。

85. 如何提高挥发性有机物的废气收集率？

答：遵循"应收尽收、分质收集"的原则，科学设计废气收集系统，将无组织排放转变为有组织排放进行控制。

采用全密闭集气罩或密闭空间的，除行业有特殊要求外，应保持微负压状态，并根据相关规范合理设置通风量。

采用局部集气罩的，距集气罩开口面最远处的 VOCs 无组织排放位置，控制风速应不低于 0.3m/s，有行业要求的按相关规定执行。

86. 挥发性有机物的末端治理技术有哪些？

答：（1）低浓度、大风量废气，宜采用活性炭吸附、沸石转轮吸附、减风增浓等浓缩技术，提高 VOCs 浓度后净化处理。

（2）高浓度废气，优先进行溶剂回收，难以回收的，宜采用高温焚烧、催化燃烧等技术。

（3）油气（溶剂）回收宜采用冷凝+吸附、吸附+吸收、膜分离+吸附等技术。

（4）光催化、光氧化技术主要适用于恶臭异味等治理。

（5）低温等离子体、生物法主要适用于低浓度 VOCs 废气治理和恶臭异味治理。

（6）非水溶性的 VOCs 废气禁止采用水或水溶液喷淋吸收处理。

（7）采用一次性活性炭吸附技术的应定期更换活性炭，废旧活性炭应再生或处理处置。

（8）有条件的工业园区和产业集群等，推广集中喷涂、溶剂集中回收、活性炭集中再生等，加强资源共享，提高 VOCs 治理效率。

87. 我国对挥发性有机物综合防治的法律依据是什么？

答：《中华人民共和国大气污染防治法》第二条规定，防治大气污染，应当加强对燃煤、工业、机动车船、扬尘、农业等大气污染的综合防治，推行区域大气污染联合防治，对颗粒物、二氧化硫、氮氧化物、挥发性有机物、氨等大气污染物和温室气体实施协同控制。

88. 我国工业涂装企业建立挥发性有机物台账的要求是什么？

答：《中华人民共和国大气污染防治法》第四十六条规定，工业涂装企业应当使用低挥发性有机物含量的涂料，并建立台账，记录生产原料、辅料的使用量、废弃量、去向以及挥发性有机物含量。台账保存期限不得少于三年。

89. 如何在空气污染天气应对期间减少挥发性有机物的排放？

答：（1）鼓励企业错峰和调序生产，在臭氧污染高发时期（4—9月）、高发时段（12:00—19:00）暂停以下几类作业：涂装、喷涂、印刷等工业生产类；桥梁、隧道、道路隔离设施、建筑外墙喷涂刷漆，沥青路面铺设等设施维护类；喷洒农药类；露天烧烤、露天餐饮类；门店喷涂加工、室内装修等，尽可能减少该时段有机溶剂、涂料、油墨、胶粘剂、清洗剂等使用。

（2）鼓励使用国五及以上排放标准柴油货车（2017年7月后上牌），不使用国三及以下排放标准柴油货车（2013年底前上牌）。鼓励使用国三及以上排放标准的非道路移动机械（2016年4月1日后出厂），不使用国一及以下排放标准的非道路移动机械（2009年10月1日前出厂）。确保油库、油站的油气回收装置正常运行。高温天气时段油库卸油尽量安排在夜晚。鼓励夜间加油。

90. 企业实现低于现行排放标准 30% 以上排放污染物，有何优惠激励措施？

答：企业可以申请中央和市级大气专项资金补助，享受环保电价优惠、环保税费减免、免费执法监测和污染应对监测，减少现场检查频次、减少错峰生产时间等。企业还可被纳入"环保领跑者"正面典型名单。

91. 企业实现低于现行排放标准 30% 以上排放污染物，有何税收优惠？

答：按照《中华人民共和国环境保护税法》规定，纳税人排放应税大气污染物或者水污染物的浓度值低于国家和地方规定的污染物排放标准 30% 的，减按 75% 征收环境保护税；纳税人排放应税大气污染物或水污染物的浓度值低于国家和地方规定的污染物排放标准 50% 的，减按 50% 征收环境保护税。

92. 常用餐饮油烟治理技术有哪些？

答：（1）烟罩除油：作为预处理设备，一般安装在前端，可以阻挡油烟颗粒，降低后续净化器的负荷。

（2）静电净化：高效净化设施，可去除 PM2.5 以下的油烟。

（3）紫外增效：可以分解油雾，增强净化效果。

（4）活性炭去味：安装于油烟净化设施之后，用于去除异味。

93. 餐饮油烟净化设施维护要求是什么？

答：（1）油烟净化设施至少每月清洗、维护或更换滤料一次，并根据实际使用情况增加清洗维护频次。

（2）建立油烟净化设施运行清洗维护台账，该台账应当记录包括净化设备的名称、型号、维护日期、维护内容等信息，台账应至少保留一年备查。

九、涉消耗臭氧层物质管理

 94. 消耗臭氧层物质是什么？

答：消耗臭氧层物质（ODS）是指对臭氧层有破坏作用并列入《中国受控消耗臭氧层物质清单》的化学品。常见的消耗臭氧层物质（ODS）有：一氯二氟甲烷（代码为 HCFC-22）、二氯三氟乙烷（代码为 HCFC-123）、1，1-二氯-2，2，2-三氟乙烷（代码为 HCFC-123）、1，1-二氯-1-氟乙烷（代码为 HCFC-141b）等。

 95. 哪些企业可能涉及使用消耗臭氧层物质？

答：主要为工商制冷设施制造企业、房间空调器制造企业、泡沫生产企业、电子设备等清洗维修企业。

 96. 哪些企业需要在我市进行涉消耗臭氧层物质企业备案？

答：销售量在 1000 吨以下的涉消耗臭氧层物质（ODS）企业、使用量在 100 吨以下的涉消耗臭氧层物质（ODS）企业、涉消耗臭氧层物质（ODS）回收再生利用的企业、涉消耗臭氧层物质销毁的企业、从事维修及报废含消耗臭氧物质（ODS）制冷设备、制冷系统或灭火系统的企业。

参考文件：《中华人民共和国大气污染防治法》《中华人民共和国环境保护税法》等

土壤、固体废物与辐射安全管理篇

十、固体废物管理

 97. 什么是固体废物？

答：固体废物是指在生产、生活和其他活动中产生的丧失原有利用价值或者虽未丧失利用价值，但被抛弃或者放弃的固态、半固态和置于容器中的气态物品、物质，以及法律、行政法规规定纳入固体废物管理的物品、物质。一般包括：工业生产领域产生的一般工业固体废物（比如粉煤灰、炉渣、脱硫石膏、煤矸石和冶炼废渣等）、工业危险废物（比如有机溶剂、含铬废物、焚烧处置残渣、含铜废物和废酸等具有危险特性的物质）、医疗行业产生的医疗废物（比如输液管针、病理切片、手术刀等）、市民生活产生的城市生活垃圾（比如家庭生活垃圾、餐厨垃圾等）、农业领域产生的农村固体废物（比如废弃农膜、农药容器等）。

与企业最相关的是一般工业固体废物和工业危险废物，这里我们重点介绍这两类物质的管理。

固体废物包括：工业固体废物（一般工业固体废物和工业危险废物）、生活垃圾、建筑垃圾、农业固体废物、危险废物等。

98. 企业委托他人处置（利用）一般工业固体废物应注意哪些方面的问题？

答：一是企业委托他人利用、处置一般工业固体废物的，应当对受托方的主体资格和技术能力进行核实，依法签订书面合同，在合同中约定污染防治要求；若产生一般工业固体废物的单位违反相关规定，除依照有关法律、法规的规定予以处罚外，还应当与造成环境污染和生态破坏的受托方承担连带责任。二是转移一般工业固体废物至市外贮存、处置的，应当向市生态环境局提出申请，市生态环境局接受地省级生态环境部门同意后，在规定期限内批准转移该一般工业固体废物出市外；未经批准的不得转移。三是转移固体废物出重庆市域利用的，应当报市生态环境局备案。

99. 如何办理一般工业固体废物转移至市外利用备案手续？

答：固体废物产生单位拟转移固体废物至市外利用时，应当准备重庆市固体废物跨省转移备案表、销售（利用）合同、运输合同备案材料（一式叁份，其中区县生态环境局留存 2 份），并经所在地区县（自治县）生态环境部门签章后，交市生态环境局政务接件大厅办理，其中上交 2 份备案资料纸质件和 1 份电子扫描件。

十一、危险废物处置管理

100. 什么是危险废物？重庆市危险废物的主要种类有哪些？

答：危险废物是指列入《国家危险废物名录》或根据国家危险废物有关鉴别标准方法鉴别确定的固体废物。根据《国家危险废物名录（2021年版）》，危险废物分为46大类467种，我市涉及35大类182种。全市危险废物产生量前五位的危险废物为精（蒸）馏残渣、含铬废物、废矿物油与含矿物油废物、废物焚烧处置残渣和废有机溶剂与含有机溶剂废物，5类危险废物的产生量共79.01万吨，占全市危险废物总产生量的67.64%。

101. 企业在转移危险废物时应该履行什么义务？

答：根据《危险废物转移管理办法》的有关规定，企业在转移危险废物时应履行以下义务：

（1）对承运人或者接受人的主体资格和技术能力进行核实，依法签订书面合同，并在合同中约定运输、贮存、利用、处置危险废物的污染防治要求及相关责任；

（2）制定危险废物管理计划，明确拟转移危险废物的种类、重量

（数量）和流向等信息；

（3）建立危险废物管理台账，对转移的危险废物进行计量称重，如实记录、妥善保管转移危险废物的种类、重量（数量）和接受人等相关信息；

（4）填写、运行危险废物转移联单，在危险废物转移联单中如实填写移出人、承运人、接受人信息，转移危险废物的种类、重量（数量）、危险特性等信息，以及突发环境事件的防范措施等；

（5）及时核实接受人贮存、利用或者处置相关危险废物情况；

（6）法律、法规规定的其他义务。

移出人应当按照国家有关要求开展危险废物鉴别。禁止将危险废物以副产品等名义提供或者委托给无危险废物经营许可证的单位或者其他生产经营者从事收集、贮存、利用、处置活动。

 ## 102. 危险废物产生单位如何内部规范化管理危险废物？

答： 产生危险废物的单位内部规范化管理危险废物可以参照《"十四五"全国危险废物规范化环境管理评估工作方案》中"危险废物规范化环境管理评估指标"，从项目环境准入、三同时、排污许可证规范化管理制度和贮存设施规范化建设、管理台账、危险废物申报和管理计划以及环境风险应急预案编制、规范设置标识标志等方面落实各项法律制度和相关标准规范，提升危险废物规范化环境管理水平，有效防控危险废物环境风险。

103. 如何申请办理危险废物经营许可证？

答：根据《中华人民共和国固体废物污染环境防治法》第八十条，从事收集、贮存、利用、处置危险废物经营活动的单位，应当按照国家有关规定申请取得许可证。

危险废物经营许可证分为危险废物综合经营许可证和危险废物收集经营许可证。根据《危险废物经营许可证管理办法》，企业申请办理综合经营危险废物经营许可证，应准备九项资料：

①《重庆市危险废物经营许可证申请表》；

②专业技术人员的证明材料；

③符合国务院交通主管部门有关危险货物运输安全要求的运输工具的证明材料；

④符合标准和安全要求的包装工具，以及中转和临时存放设施、设备的证明材料；

⑤符合国家或者省、自治区、直辖市危险废物处置设施建设规划，符合标准和安全要求的处置设施、设备和配套的污染防治设施的证明材料，其中医疗废物集中处置设施应当符合国家有关医疗废物处置的卫生标准和要求；

⑥与所经营的危险废物类别相适应的处置技术和工艺的证明材料；

⑦保证危险废物经营安全的规章制度、污染防治措施和事故应急救援措施的证明材料；

⑧经营能力和环境风险综合评估报告；

⑨以填埋方式处置危险废物的，须具备取得填埋场所土地使用权的证明材料。

企业申请办理收集经营危险废物经营许可证，应准备上述①、

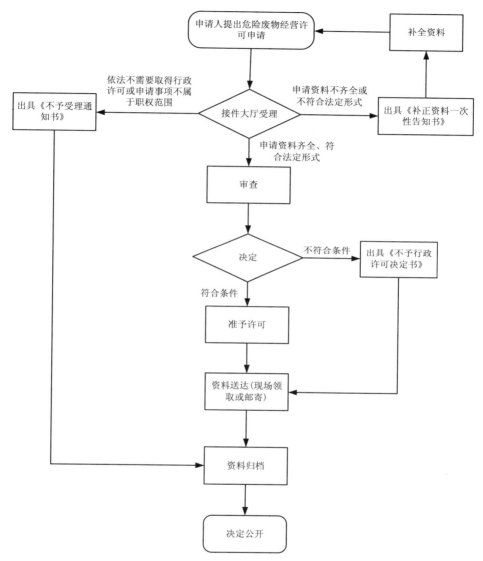

重庆市危险废物经营许可证办理流程图

②、③、④、⑦、⑧六项资料。《重庆市危险废物经营许可证申请表》可在市生态环境局官网→渝快办→危险废物经营许可→危险废物经营许可申请许可证在线办理中下载。

资料准备齐全后，即可提交办理。《危险废物经营许可证申请表》

应在辖区初审后，提交市级生态环境部门办理。市级生态环境部门受理后 20 个工作日内，将对企业提交的证明材料进行审查，并对企业危险废物经营设施进行现场核查。符合条件的，颁发企业危险废物经营许可证，并予以公告；不符合条件的，书面通知企业并说明理由。

扫描二维码，详细查阅须提交的资料清单、危险废物经营许可服务指南、申请材料示范文本、常见错误示例、常见问题解答等。

104. 取得危险废物经营许可证后的管理要求是怎样的？

答：企业取得危险废物经营许可证后，若发生法人名称、法定代表人和住所变更情形的，应当自工商变更登记之日起 15 个工作日内，向原发证机关申请办理危险废物经营许可证变更手续。

若发生以下情形之一的，企业应当按照原申请程序，重新申请领取危险废物经营许可证：

（1）改变危险废物经营方式的；

（2）增加危险废物类别的；

（3）新建或者改建、扩建原有危险废物经营设施的；

（4）经营危险废物超过原批准年经营规模 20% 以上的。

危险废物经营许可证有效期届满，企业继续从事危险废物经营活动的，应当于危险废物经营许可证有效期届满 30 个工作日前向原发证机关提出延续申请。

十二、土壤环境管理

 105. 土壤污染重点监管单位应当履行哪些义务？

答：（1）严格控制有毒有害物质排放，并按年度向生态环境主管部门报告排放情况。

（2）建立土壤污染隐患排查制度，开展土壤及地下水污染隐患排查，制定整改方案和台账并落实，保证持续有效防止有毒有害物质渗漏、流失、扬散。

（3）根据相关规范和要求，制定、实施自行监测方案，每年开展土壤及地下水监测，对监测数据的真实性和准确性负责，并将监测数据报生态环境主管部门。重点监管单位规定的义务应在排污许可证中载明。

106. 搬迁关闭企业如何开展土壤污染防治工作？

答：（1）搬迁关闭企业拆除设施、设备或者建筑物、构筑物的，应当采取相应的土壤污染防治措施。土壤污染重点监管单位拆除设施、设备或者建筑物、构筑物时，应当制定包括应急措施在内的土壤污染防治工作方案，并在拆除活动实施前 15 个工作日报所在地生态环境部门、工业信息部门备案。

（2）土壤污染重点监管单位生产经营用地的用途变更或者其土地使用权收回、转让的，应当依法开展土壤污染状况调查，编制土壤污染状况调查报告，并报送所在地生态环境部门评审，并将调查报告主要内容向社会公开。

（3）用途变更为住宅、公共管理与公共服务用地的，变更前应当按照规定进行土壤污染状况调查。

另外，如果土壤污染状况普查、详查和监测、现场检查表明有土壤污染风险的，生态环境主管部门应当要求土地使用权人按照规定进行土壤污染状况调查。

十三、辐射安全管理

 107. 哪些单位需要申领辐射安全许可证？

答：生产、销售、使用放射性同位素和射线装置的单位，应当申请领取辐射安全许可证。常见的放射性同位素有用于工业生产领域（测厚仪、密度计）的放射源，如 Am-241、Kr-85、Cs-137 等，也有用于医学诊断或治疗领域的 F-18、Tc-99m、I-131、I-125 等；常见的射线装置有工业用 X 射线探伤装置、工业辐照用加速器、车辆检查用 X 射线装置，以及医疗机构使用的 CT、DR、牙片机等。

 108. 辐射工作单位应向哪级生态环境部门申领辐射安全许可证？

答：辐射安全许可证实行三级审批颁发。

（1）生产放射源、甲级非密封放射性物质工作场所，销售、使用Ⅰ类放射源（医疗使用Ⅰ类放射源除外）和Ⅰ类射线装置单位的辐射安全许可证，由生态环境部审批颁发。

（2）乙级、丙级非密封放射性物质工作场所，医疗使用Ⅰ类放射源，销售和使用Ⅱ类、Ⅲ类放射源，销售Ⅳ类、Ⅴ类放射源，生产和销售Ⅱ类、Ⅲ类射线装置，使用Ⅱ类射线装置单位的辐射安全许可证，由市生态环境局审批颁发。

（3）使用Ⅳ类、Ⅴ类放射源，使用Ⅲ类射线装置单位的辐射安全许可证，由区（县）生态环境局审批颁发。

辐射工作单位需要同时向两级或三级生态环境部门申请许可证，其许可证由最高一级生态环境部门审批颁发。

109. 如何申请办理辐射安全许可证？

答：在申请领取辐射安全许可证前，辐射工作单位应当组织编制或填报环境影响评价文件，并依照国家规定程序报生态环境部门审批。辐射安全许可证统一在"全国核技术利用辐射安全申报系统"（http://rr.mee.gov.cn）进行网上申报（通过"渝快办"在线办理也可进入该申报系统），按照"注册、登录、申请、提交"的流程依次进行。首次使用申报系统者，须自行注册，并用此账户登录、办理辐射安全许可证申请事项。网上提交成功后，辐射工作单位还需要将相关纸质申请材料签字、盖章后报审批部门（可邮寄）。

新申请及重新申请辐射安全许可证的申请材料包括：

（1）辐射安全许可证申请表（"渝快办"可下载示例样表）；

（2）辐射工作场所环境监测报告；

（3）辐射工作人员学历、健康状况、辐射安全防护培训及个人剂量监测等证明；

（4）辐射安全防护管理规章制度及辐射事故应急方案；

（5）放射性"三废"处理方案或处理设施、设备的证明材料。

辐射安全许可证持证单位改变许可证规定的种类和范围的，新建或者改建、扩建生产、销售、使用设施或者场所的，应当依法重新申领许可证。

辐射安全许可证持证单位变更单位名称、地址、法定代表人的，应当自变更登记之日起 20 日内，向原发证机关申请办理许可证变更手续，并提交辐射安全许可证变更申请表。

辐射安全许可证有效期为 5 年。有效期届满，需要延续的，应当于许可证有效期届满 30 日前向原发证机关提出延续申请，并提交辐射安全许可证延续申请表，监测报告（辐射环境监测、个人剂量监测），许可证有效期内的辐射安全防护工作总结，辐射安全许可证正、副本。

辐射工作单位部分终止或者全部终止生产、销售、使用放射性同位素与射线装置活动的，应当向原发证机关提出部分变更或者注销许可证申请，并提交辐射安全许可证注销申请表，辐射安全许可证正、副本，已获批准的放射性工作场所退役证明材料，废旧放射源回收（收贮）备案表。

110. 活动范围涉及放射性同位素的辐射工作单位，除申领辐射安全许可证外，还须办理哪些手续？

答：须办理放射性同位素转让审批、转移备案手续，放射源转移到市外使用的，还须办理放射源异地使用备案手续。

转让放射性同位素的，由转入单位在"全国核技术利用辐射安全申报系统"（http://rr.mee.gov.cn）进行网上申报后，还须向市生态环境局提交放射性同位素转让审批表、放射性同位素使用期满后的处理方案、转让双方签订的书面转让协议。

转入、转出放射性同位素的单位应当在转让活动完成之日起 20 日内，向市生态环境局提交放射性同位素转移备案申请表、经审批的放射性同位素转让审批表、放射源检验证书、放射源国家编码、运输剂量检测证明书（Ⅱ类放射源以上）、辐射安全许可证副本。

放射源转移到市外使用的，应当于活动实施前 10 日内向使用地省级生态环境主管部门申请办理放射源异地使用备案手续，并接受使用地生态环境主管部门的监督管理，活动结束后 20 日内向使用地省级生态环境主管部门申请办理备案注销手续。

111. 辐射工作单位日常应做好哪些工作？

答：（1）加强放射性同位素管理。放射性同位素和被放射性污染的物品应当单独存放，不得与易燃、易爆、腐蚀性物品等一起存放，并指定专人负责保管。对可移动的放射源定期进行盘存，确保其处于指定位置，具有可靠的安全保障。

（2）做好废旧放射源管理。使用Ⅰ类、Ⅱ类、Ⅲ类放射源的单位应当按照废旧放射源管理规定，在放射源闲置或者废弃后 3 个月内将废旧放射源交回生产单位或者返回原出口方。确实无法交回生产单位或者返回原出口方的，送交有相应资质的放射性废物集中贮存单位贮存。

使用Ⅳ类、Ⅴ类放射源的单位应当按照规定，在放射源闲置或者废弃后 3 个月内将废旧放射源进行包装整备后送交有相应资质的放射性废物集中贮存单位贮存。

使用放射源的单位应当在废旧放射源交回、返回或者送交活动完成之日起 20 日内，向市生态环境局备案。

（3）做好工作场所辐射监测。按照国家环境监测规范，对相关场所进行辐射监测，并对监测数据的真实性、可靠性负责；不具备自行监测能力的，可以委托取得计量认证（CMA）的环境监测机构进行监测。

（4）做好人员培训考核。对直接从事生产、销售、使用活动的工作人员进行安全和防护知识教育培训，通过生态环境部培训平台报名并参加考核；考核不合格的，不得上岗。仅从事Ⅲ类射线装置销售、使用活动的辐射工作人员无需参加集中考核，由辐射工作单位自行组织考核。

（5）加强个人剂量监测和健康管理。对直接从事生产、销售、使用活动的工作人员进行个人剂量监测和职业健康检查，建立个人剂量档案和职业健康监护档案。

（6）建立放射性同位素与射线装置台账。记载放射性同位素的核素名称、出厂时间和活度、标号、编码、来源和去向，及射线装置的名称、型号、射线种类、类别、用途、来源和去向等事项。

（7）做好年度评估。编写放射性同位素与射线装置安全和防护状况年度评估报告，于每年1月31日前报原发证机关。年度评估报告应当包括放射性同位素与射线装置台账、辐射安全和防护设施的运行与维护、辐射安全和防护制度及措施的建立和落实、事故和应急以及档案管理等方面的内容。

112. 辐射工作场所如何实现退役？

答：使用Ⅰ类、Ⅱ类、Ⅲ类放射源的场所，生产放射性同位素的场所，甲级、乙级、丙级非密封放射性物质使用场所，以及使用Ⅰ

类、Ⅱ类射线装置（X 射线装置和粒子能量不高于 10 兆电子伏的电子加速器除外）存在污染的场所，应当依法实施退役。

退役前应完成下列工作：

（1）将有使用价值的放射源按照《放射性同位素与射线装置安全和防护条例》的规定转让；

（2）将废旧放射源交回生产单位、返回原出口方或者送交有相应资质的放射性废物集中贮存单位贮存；

（3）按照最新版《建设项目环境影响评价分类管理目录》开展环评和自主验收工作，自验收合格之日 20 日内，到原发证机关办理辐射安全许可证变更或者注销手续。

十四、新化学物质环境管理

 113. 什么是新化学物质?

答：新化学物质是指未列入《中国现有化学物质名录》的化学物质。《中国现有化学物质名录》由国务院生态环境主管部门组织制定、调整并公布，包括 2003 年 10 月 15 日前已在中华人民共和国境内生产、销售、加工使用或者进口的化学物质，以及 2003 年 10 月 15 日以后根据新化学物质环境管理有关规定列入的化学物质。

 114. 生产、进口或加工使用新化学物质前需要做什么?

答：中华人民共和国境内的新化学物质生产或进口企业，或者准备向中国境内出口新化学物质的生产或贸易企业，应当在生产或进口前办理新化学物质环境管理登记或备案，取得登记证或者办理备案后才可以开始活动。

已列入《中国现有化学物质名录》且实施新用途环境管理的化学物质，拟用于允许用途以外的其他工业用途的，相关化学物质的生产者、进口者或者加工使用者，应在生产、进口、加工使用前办理新用途环境管理登记，获批允许用途后才可以开始活动。

医药、农药、化妆品等产品属于新化学物质，且拟改变为其他工业用途的生产者、进口者或者加工使用者，应在生产、进口、加工使用前办理新化学物质环境管理登记或备案，取得登记证或者办理备案后才可以开始活动。

加工使用者不得加工使用未取得登记证或者未办理备案的新化学物质。

115. 谁需要办理新化学物质环境管理登记？

答：（1）中国境内的新化学物质生产或进口企业事业单位。

（2）拟向中国境内出口新化学物质的生产或贸易企业。

（3）医药、农药、化妆品等产品属于新化学物质，且拟改变为其他工业用途的生产者、进口者或者加工使用者。

（4）已列入《中国现有化学物质名录》且实施新用途环境管理的化学物质，拟用于允许用途以外的其他工业用途的相关化学物质的生产者、进口者或者加工使用者。

116. 如何办理新化学物质环境管理登记？

答：（1）登记类型：

①新化学物质年生产量或者进口量 10 吨以上的，应当办理新化学物质环境管理常规登记（以下简称常规登记）；

②新化学物质年生产量或者进口量 1 吨以上不足 10 吨的，应当办理新化学物质环境管理简易登记（以下简称简易登记）；

③符合下列条件之一的，应当办理新化学物质环境管理备案（以

下简称备案）：新化学物质年生产量或者进口量不足 1 吨的，新化学物质单体或者反应体含量不超过 2% 的聚合物或者属于低关注聚合物的。

（2）登记办理方式：相关企业事业单位直接登录生态环境部"全国一体化在线政务服务平台"，点击右上角的"注册"完成新用户企业注册后，选择"新化学物质类"，点击"13002 新化学物质环境管理登记证核发审批事项"一栏的"事项申报"进行登记。网址：http：//zwfw.mee.gov.cn/。

（3）登记办理流程：

①新化学物质备案流程：

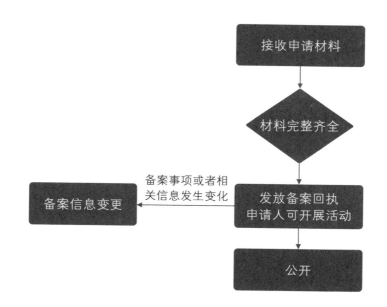

新化学物质备案流程图

②新化学物质常规登记和简易登记审批流程：

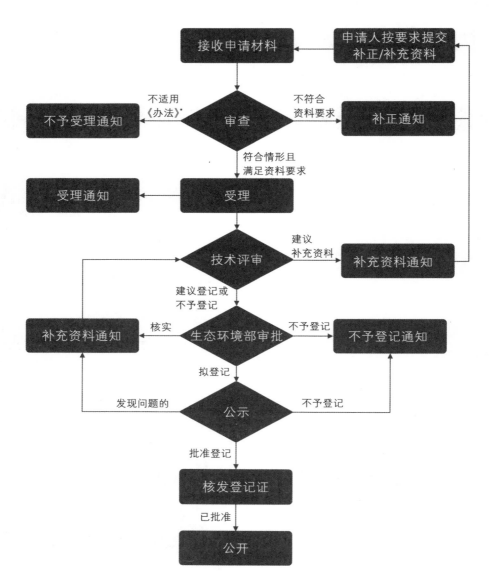

新化学物质常规登记和简易登记审批流程图

---

　　* 备注：《办法》是指《新化学物质环境管理登记办法》

③新用途环境管理登记审批流程：

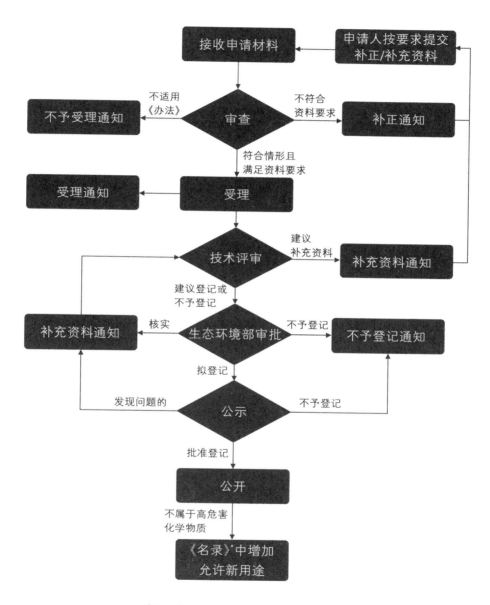

新用途环境管理登记审批流程图

---

* 备注:《名录》是指《中国现有化学物质名录》

④新化学物质登记证变更审批流程：

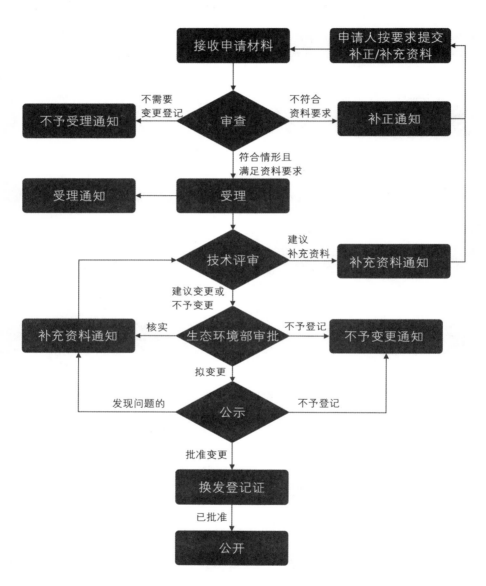

新化学物质登记证变更审批流程图

117. 相关企业事业单位应当履行哪些责任和义务？

答：从事新化学物质研究、生产、进口和加工使用的相关企业事业单位，应采取有效措施，防范和控制新化学物质环境风险。相关企业事业单位的主要责任和义务有以下几个方面：

（1）取得登记证或办理备案。在新化学物质生产前或者进口前，应当取得新化学物质环境管理常规登记证或者简易登记证，或者办理新化学物质环境管理备案。对已列入《中国现有化学物质名录》但实施新用途环境管理的化学物质，用于允许用途以外的其他工业用途的，应当在生产、进口或者加工使用前，办理新用途环境管理登记。

（2）防范和控制环境风险。在研究、生产、进口和加工使用过程中，应当采取有效措施，防范和控制新化学物质的环境风险。常规登记新化学物质的生产者和加工使用者，还应当通过其官方网站或者其他便于公众知晓的方式公开环境风险控制措施和环境管理要求落实情况。

（3）落实跟踪管理要求。新化学物质的生产者、进口者、加工使用者应当按《新化学物质环境管理登记办法》规定，落实信息传递、资料记录保存和活动报告等跟踪管理要求。发现新化学物质有新环境或者健康危害特性或者环境风险的，应当及时报告，对可能导致环境风险增加的，应当及时采取措施消除或者降低环境风险。

（4）接受监督抽查。生态环境主管部门依法开展环境监督抽查时，新化学物质的研究者、生产者、进口者和加工使用者，应当予以配合，并如实提供相关资料，接受监督抽查。

十五、废弃电器电子产品管理

 118. 企业产生的废弃电器电子产品应当如何处理？

答：根据《废弃电器电子产品回收处理管理条例》第十三条，机关、团体、企事业单位将废弃电器电子产品交有废弃电器电子产品处理资格的企业处理的，依照国家有关判定办理资产核销手续。我市具有废弃电器电子产品处理资格的企业名单可以在重庆市生态环境局信息公开网上查询。

> 参考文件：《中华人民共和国固体废物污染环境防治法》《危险废物经营许可证管理办法》《废弃电器电子产品回收处理管理条例》等

突发环境事件管理篇

十六、突发环境事件应急预案管理

 119. 哪些企业需要做突发环境事件风险评估和应急预案？

答：（1）可能发生突发环境事件的污染物排放企业，包括污水、生活垃圾集中处理设施的运营企业。

（2）生产、储存、运输、使用危险化学品的企业。

（3）产生、收集、贮存、运输、利用、处置危险废物的企业。

（4）尾矿库企业，包括湿式堆存工业废渣库、电厂灰渣库企业。

（5）其他应当纳入适用范围的企业。

 120. 企业突发环境事件风险评估和应急预案备案流程是什么？

答：（1）风险评估备案流程。通过 https://119.84.149.34：20025/eprsm/ 进入重庆市环境风险应急指挥系统（大数据应用），首次备案从导航栏进入备案：备案管理→风评报告备案→新建，填写相应基本信息后，先保存后提交，等待生态环境局审查。生态环境局审查后，企业可以查看风险评估备案的备案状态和到期时间，若审查不通过，企业可通过"备案流程"了解未通过的原因，重新修改其基本信息，再次保存后提交备案。若风险评估备案到期重新修订后，则应从导航栏进入备案：备案管理→风评报告备案→修订，填写相应基本信息后，先保存后提交，等待生态环境局审查。

（2）应急预案备案流程。通过 https://119.84.149.34:20025/eprsm/进入重庆市环境风险应急指挥系统（大数据应用），首次备案从导航栏进入备案：备案管理→应急预案备案→新建，选择应急预案类别，填写相应信息后，先保存后提交，等待生态环境局审查（注：选择"突发环境事件应急预案"后，分别填写综合预案、专项预案、现场处置预案）。生态环境局审查后，企业可以查看应急预案备案的备案状态和到期时间，若审查不通过，企业可通过"备案流程"了解未通过的原因，重新修改其基本信息，再次保存后提交备案。若应急预案备案到期重新修订后，则应从导航栏进入备案：备案管理→应急预案备案→修订，选择应急预案类别，填写相应信息后，先保存后提交，等待生态环境局审查。

121. 企业需要多久修订一次突发环境事件应急预案？

答：《企业事业单位突发环境事件应急预案备案管理办法（试行）》第十二条规定，企业结合环境应急预案实施情况，至少每三年对环境应急预案进行一次回顾性评估。有下列情形之一的，及时修订：

（1）面临的环境风险发生重大变化，需要重新进行环境风险评估的；

（2）应急管理组织指挥体系与职责发生重大变化的；

（3）环境应急监测预警及报告机制、应对流程和措施、应急保障措施发生重大变化的；

（4）重要应急资源发生重大变化的；

（5）在突发事件实际应对和应急演练中发现问题，需要对环境应急预案作出重大调整的；

（6）其他需要修订的情况。

对环境应急预案进行重大修订的，修订工作参照环境应急预案制定步骤进行。对环境应急预案个别内容进行调整的，修订工作可适当简化。

122. 突发环境事件应急演练频次要求是什么？

答：《重庆市突发事件应对条例》第十九条规定：市、区县（自治县）人民政府及其有关部门、乡（镇）人民政府、街道办事处、有关企业事业单位应当定期开展应急救援队伍的培训，并按照应急预案组织开展应急演练。乡（镇）人民政府、街道办事处，机关、企业事业单位以及其他组织，应当组织社会公众或者本单位人员开展应急培训和演练。公民应当积极参加各级人民政府和本单位组织的应急培训和演练。各级各类学校、幼儿园应当组织学生和儿童开展应急疏散、避险和自救等应急知识教育和应急演练。应急演练每年不得少于一次。

十七、突发环境事件隐患管理

123. 突发环境事件隐患排查包括哪些内容？

答：在企业突发环境事件应急管理方面：

（1）按规定开展突发环境事件风险评估，确定风险等级情况；

（2）按规定制定突发环境事件应急预案并备案情况；

（3）按规定建立健全隐患排查治理制度，开展隐患排查治理工作和建立档案情况；

（4）按规定开展突发环境事件应急培训，如实记录培训情况；

（5）按规定储备必要的环境应急装备和物资情况；

（6）按规定公开突发环境事件应急预案及演练情况。

在企业突发环境事件风险防控措施方面：

（1）突发水环境事件风险防控措施：

①是否设置中间事故缓冲设施、事故应急水池或事故存液池等各类应急池；应急池容积是否满足环境影响评估文件及批复等相关文件要求；应急池位置是否合理，是否能确保所有受污染的雨水、消防水和泄漏物等通过排水系统接入应急池或全部收集；是否通过厂区内部管线或协议单位，将所收集的废（污）水送至污水处理设施处理；

②正常情况下厂区内涉危险化学品或其他有毒有害物质的各个生

产装置、罐区、装卸区、作业场所和危险废物贮存设施（场所）的排水管道（如围堰、防火堤、装卸区污水收集池）接入雨水或清净下水系统的阀（闸）是否关闭，通向应急池或废水处理系统的阀（闸）是否打开；受污染的冷却水和上述场所的墙壁、地面冲洗水和受污染的雨水（初期雨水）、消防水等是否都能排入生产废水处理系统或独立的处理系统；有排洪沟（排洪涵洞）或河道穿过厂区时，排洪沟（排洪涵洞）是否与渗漏观察井、生产废水、清净下水排放管道连通；

③雨水系统、清净下水系统、生产废（污）水系统的总排放口是否设置监视及关闭闸（阀），是否设专人负责在紧急情况下关闭总排口，确保受污染的雨水、消防水和泄漏物等全部收集。

（2）突发大气环境事件风险防控措施：

①企业与周边重要环境风险受体的各类防护距离是否符合环境影响评价文件及批复的要求；

②涉有毒有害大气污染物名录的企业是否在厂界建设针对有毒有害特征污染物的环境风险预警体系；

③涉有毒有害大气污染物名录的企业是否定期监测或委托监测有毒有害大气特征污染物；

④突发环境事件信息通报机制建立情况，是否能在突发环境事件发生后及时通报可能受到污染危害的单位和居民。

124. 企业突发环境事件隐患分级标准是什么？

答：（1）分级原则。根据可能造成的危害程度、治理难度及企业突发环境事件风险等级，隐患分为重大突发环境事件隐患（以下简称重大隐患）和一般突发环境事件隐患（以下简称一般隐患）。

具有以下特征之一的可认定为重大隐患，除此之外的隐患可认定为一般隐患：

①情况复杂，短期内难以完成治理并可能造成环境危害的隐患；

②可能产生较大环境危害的隐患，如可能造成有毒有害物质进入大气、水、土壤等环境介质次生较大以上突发环境事件的隐患。

（2）企业自行制定分级标准。企业应根据前述关于重大隐患和一般隐患的分级原则、自身突发环境事件风险等级等实际情况，制定本企业的隐患分级标准。可以立即完成治理的隐患一般不判定为重大隐患。

125. 企业突发环境事件隐患排查治理包括哪些基本要求？

答：（1）建立完善隐患排查治理管理机构。根据《企业突发环境事件隐患排查和治理工作指南（试行）》，企业应当建立并完善隐患排查管理机构，配备相应的管理和技术人员。

（2）建立隐患排查治理制度。

①建立隐患排查治理责任制。企业应当建立健全从主要负责人到每位作业人员，覆盖各部门、各单位、各岗位的隐患排查治理责任体系；明确主要负责人对本企业隐患排查治理工作全面负责，统一组织、领导和协调本单位隐患排查治理工作，及时掌握、监督重大隐患治理情况；明确分管隐患排查治理工作的组织机构、责任人和责任分工，按照生产区、储运区或车间、工段等划分排查区域，明确每个区域的责任人，逐级建立并落实隐患排查治理岗位责任制。

②制定突发环境事件风险防控设施的操作规程和检查、运行、维

修与维护等规定，保证资金投入，确保各项设施处于正常完好状态。

③建立自查、自报、自改、自验的隐患排查治理组织实施制度。

④如实记录隐患排查治理情况，形成档案文件并做好存档。

⑤及时修订企业突发环境事件应急预案、完善相关突发环境事件风险防控措施。

⑥定期对员工进行隐患排查治理相关知识的宣传和培训。

⑦有条件的企业应当建立与企业相关信息化管理系统联网的突发环境事件隐患排查治理信息系统。

（3）明确隐患排查方式和频次。

①企业应当综合考虑企业自身突发环境事件风险等级、生产工况等因素合理制定年度工作计划，明确排查频次、排查规模、排查项目等内容。

②根据排查频次、排查规模、排查项目不同，排查可分为综合排查、日常排查、专项排查及抽查等方式。

企业应建立以日常排查为主的隐患排查工作机制，及时发现并治理隐患。综合排查是指企业以厂区为单位开展全面排查，一年应不少于一次。日常排查是指以班组、工段、车间为单位，组织的对单个或几个项目采取日常的、巡视性的排查工作，其频次根据具体排查项目确定，一个月应不少于一次。专项排查是在特定时间或对特定区域、设备、措施进行的专门性排查，其频次根据实际需要确定。企业可根据自身管理流程，采取抽查方式排查隐患。

③在完成年度计划的基础上，当出现下列情况时，应当及时组织隐患排查：出现不符合新颁布、修订的相关法律、法规、标准、产业政策等情况的；企业有新建、改建、扩建项目的；企业突发环境事件风险物质发生重大变化导致突发环境事件风险等级发生变化的；企业

管理组织应急指挥体系机构、人员与职责发生重大变化的；企业生产废水系统、雨水系统、清净下水系统、事故排水系统发生变化的；企业废水总排口、雨水排口、清净下水排口与水环境风险受体连接通道发生变化的；企业周边大气和水环境风险受体发生变化的；季节转换或发布气象灾害预警、地质地震灾害预报的；敏感时期、重大节假日或重大活动前；突发环境事件发生后或本地区其他同类企业发生突发环境事件的；发生生产安全事故或自然灾害的；企业停产后恢复生产前。

（4）隐患排查治理的组织实施。

①自查。企业根据自身实际制定隐患排查表，包括所有突发环境事件风险防控设施及其具体位置、排查时间、现场排查负责人（签字）、排查项目现状、是否为隐患、可能导致的危害、隐患级别、完成时间等内容。

②自报。企业的非管理人员发现隐患应当立即向现场管理人员或者本单位有关负责人报告；管理人员在检查中发现隐患应当向本单位有关负责人报告。接到报告的人员应当及时予以处理。

在日常交接班过程中，做好隐患治理情况交接工作；隐患治理过程中，明确每一个工作节点的责任人。

③自改。一般隐患必须确定责任人，立即组织治理并确定完成时限，治理完成情况要由企业相关负责人签字确认，予以销号。

重大隐患要制定治理方案，治理方案应包括：治理目标、完成时间和达标要求、治理方法和措施、资金和物资、负责治理的机构和人员责任、治理过程中的风险防控和应急措施或应急预案。重大隐患治理方案应报企业相关负责人签发，抄送企业相关部门落实治理。

企业负责人要及时掌握重大隐患治理进度，可指定专门负责人对治理进度进行跟踪监控，对不能按期完成治理的重大隐患，及时发出督办通知，加大治理力度。

④自验。重大隐患治理结束后企业应组织技术人员和专家对治理效果进行评估和验收，编制重大隐患治理验收报告，由企业相关负责人签字确认，予以销号。

（5）加强宣传培训和演练。企业应当定期就企业突发环境事件应急管理制度、突发环境事件风险防控措施的操作要求、隐患排查治理案例等开展宣传和培训，并通过演练检验各项突发环境事件风险防控措施的可操作性，提高从业人员隐患排查治理能力和风险防范水平。如实记录培训、演练的时间、内容、参加人员以及考核结果等情况，并将培训情况备案存档。

（6）建立档案内容。企业应及时建立隐患排查治理档案。隐患排查治理档案包括企业隐患分级标准、隐患排查治理制度、年度隐患排查治理计划、隐患排查表、隐患报告单、重大隐患治理方案、重大隐患治理验收报告、培训和演练记录以及相关会议纪要、书面报告等隐患排查治理过程中形成的各种书面材料。隐患排查治理档案应至少留存五年，以备环境保护主管部门抽查。

126. 企业突发环境事件隐患排查登记的流程是怎样的？

答：有登录账户的企业可以直接通过"https://119.84.149.34:20025/eprsm/"进入重庆市环境风险应急指挥系统（大数据应用）风险管理登录界面，输入正确的用户名和密码，即可登录。无账户的企业需要先进入重庆市环境风险应急指挥系统（大数据应用）风险管理登录界面，点击注册新账号。

（1）新增隐患排查记录步骤：隐患排查→隐患自查→点击新增，填写相关基本信息，添加隐患记录，上传相关附件，保存即可。

（2）隐患整治情况填报步骤：隐患排查→隐患自查→点击修改，在详情界面中点击隐患记录栏的修改，填写整治情况，确定保存即可。

 ## 127. 企业应当落实哪些环境风险防范措施？

答：《重庆市环境保护条例》第八十七条规定，重点排污单位、危险化学品单位、辐射工作单位等环境风险隐患单位是环境风险防范的责任主体，应当按照以下规定落实环境风险防范措施：

（1）建立环境安全管理制度，定期排查治理环境污染事故与辐射事故隐患，建立隐患排查治理台账，定期检测、维护有关报警装置、应急设施设备，确保正常使用，并向环境保护主管部门报告风险防控情况；

（2）进行环境风险评估，编制突发环境事件应急预案，将评估报告和应急预案报当地环境保护主管部门备案，并根据环境风险评估情况完成隐患整改；

（3）针对可能出现的突发环境事件，制定突发环境事件风险防控措施，建设相应的应急设施，配备必要的应急设备、物资和器材，组织人员培训和应急演练。

《突发环境事件应急管理办法》第六条规定：企业事业单位应当按照相关法律法规和标准规范的要求，履行下列义务：

（1）开展突发环境事件风险评估；

（2）完善突发环境事件风险防控措施；

（3）排查治理环境安全隐患；

（4）制定突发环境事件应急预案并备案、演练；

（5）加强环境应急能力保障建设。

128. 发生或可能发生突发环境事件时企业应如何处理？

答：《中华人民共和国环境保护法》第四十七条规定：企业事业单位应当按照国家有关规定制定突发环境事件应急预案，报环境保护主管部门和有关部门备案。在发生或者可能发生突发环境事件时，企业事业单位应当立即采取措施处理，及时通报可能受到危害的单位和居民，并向环境保护主管部门和有关部门报告。

《重庆市环境保护条例》第八十八条规定：企业事业单位或者其他生产经营者造成或者可能造成突发环境事件时，应当立即启动突发环境事件应急预案，采取切断或者控制污染源以及其他防止危害扩大的必要措施，向事发地环境保护主管部门报告，同时通报可能受到危害的单位和居民。

《突发环境事件应急管理办法》第二十三条规定：企业事业单位造成或者可能造成突发环境事件时，应当立即启动突发环境事件应急预案，采取切断或者控制污染源以及其他防止危害扩大的必要措施，及时通报可能受到危害的单位和居民，并向事发地县级以上环境保护主管部门报告，接受调查处理。应急处置期间，企业事业单位应当服从统一指挥，全面、准确地提供本单位与应急处置相关的技术资料，协助维护应急现场秩序，保护与突发环境事件相关的各项证据。

129. 环境应急管理方面需公开哪些信息?

答:《突发环境事件应急管理办法》第三十四条规定:企业事业单位应当按照有关规定,采取便于公众知晓和查询的方式公开本单位环境风险防范工作开展情况、突发环境事件应急预案及演练情况、突发环境事件发生及处置情况,以及落实整改要求情况等环境信息。

参考文件:《中华人民共和国环境保护法》《突发环境事件应急管理办法》《企业事业单位突发环境事件应急预案备案管理办法(试行)》《重庆市突发事件应对条例》《重庆市环境保护条例》等

生态环境执法篇

十八、生态环境现场执法

130. 环保执法检查都查什么？

答：（1）是否依法取得环境影响评价文件、环保验收文件、排污许可证、危险废物经营许可证、辐射许可证等许可、备案文件。

（2）是否按照生态环境保护法律、规定以及行业要求建立健全生态环境保护制度。

（3）是否按照生态环境保护法律、规定、许可备案文件、政策要求落实生态环境保护措施，建设污染防治设施并正常运行。

（4）是否违反生态环境保护法律、规定和标准、政策要求，是否存在违法排污和生态破坏行为，是否存在环境违法行为。

（5）是否存在其他生态环境违法行为和环境管理问题。

131. 生态环境现场执法检查要做到哪些行为规范？

答：（1）现场检查人员不得少于 2 人。

（2）检查人员必须持有和现场出示行政执法证件。

（3）检查人员现场检查时应当着制式服装（进行暗查暗访或执行特殊工作任务不宜着制式服装等情形除外）。

（4）检查人员现场检查（采样）时必须携带和使用执法记录仪。

（5）检查人员现场检查时必须告知当事人有申请调查人员回避的权利。

（6）检查人员现场检查时必须做好现场检查记录或调查笔录；调查过程中有当事人、证人或者其他有关人员进行陈述或回答的，应当如实记录。

132. 调查取证时，哪些情形调查人员应当回避？

答：（1）是本案当事人或者当事人近亲属的。

（2）本人或者近亲属与本案有直接利害关系的。

（3）与本案有其他关系可能影响公正执法的。

（4）法律、法规或者规章规定的其他回避情形。

符合回避条件的，案件承办人员应当主动申请回避。

133. 调查人员对当事人的现场检查可以采取哪些措施？

答：采样，录音，询问，文字记录，勘察和查阅，复制生产记录、排污记录，全程摄影、摄像，其他有关材料收集、取证等。

134. 现场执法需要取样的，应当遵守哪些规定？

答：应当制作取样记录，将取样过程记入现场检查（勘察）笔录。样品应当使用封条进行封存，当事人在场的，应当经当事人确认并在封条上签字，并采取拍照、录像或者其他方式记录取样情况和样品封存情况。

十九、行政处罚及企业权利保障

 135. 拟对当事人进行行政处罚的，应当送达哪些文件？

答：应当送达《行政处罚事先（听证）告知书》《责令改正违法行为决定书》，告知当事人有关事实、理由、依据，告知当事人依法享有陈述、申辩和申请听证的权利，并责令其立即或限期改正违法行为。

 136.《行政处罚事先（听证）告知书》应当载明哪些事项？

答：（1）当事人的名称或者姓名。

（2）已查明的当事人的环境违法事实、证据、处罚理由、依据和拟处罚金额。

（3）当事人申请听证、提出陈述和申辩的权利。

（4）当事人提出听证申请的期限、申请方式及未如期提出申请的法律后果。

（5）环境行政执法机构名称和告知书作出日期，并加盖印章。

137. 当事人申请听证的，应当怎么办？

答：当事人申请听证的，环境行政执法机构应当自收到听证申请之日起 7 日内决定是否予以听证。不符合听证条件的，应当告知当事人不予听证。符合听证条件的，应当在决定举行听证会 7 日前，将《行政处罚听证通知书》送达当事人，通知当事人及有关人员举行听证的时间、地点和方式。

138.《行政处罚听证通知书》应当载明哪些事项？

答：（1）当事人的姓名或者名称。

（2）听证案由。

（3）举行听证的时间、地点和方式。

（4）听证人员的姓名、单位、职务。

（5）告知当事人委托代理权、对听证人员的回避申请权等权利。

（6）告知当事人提前办理授权委托手续、携带证据材料，通知证人出席等注意事项。

（7）环境行政执法机构名称和通知书作出日期，并加盖印章。

除涉及国家秘密、商业秘密或者个人隐私外，听证公开举行。

139. 如何保护当事人的申辩权？

答：实施环境行政处罚应当充分听取当事人的意见。对当事人提出的事实、理由和证据，应当进行复核；当事人提出的事实、理由或者证据成立的，应当予以采纳。

140.《行政处罚决定书》应当载明哪些内容？

答：（1）当事人的基本情况：当事人为个人的，应当注明姓名、身份证号码、住址；当事人为个体工商户的，应当注明经营者姓名或者名称、地址；当事人为组织的，应当注明名称、法定代表人或者主要负责人姓名及职务、地址等。

（2）违反法律、法规或者规章的事实和证据。

（3）行政处罚的种类、依据和理由。

（4）行政处罚的履行方式和期限。

（5）当事人不服行政处罚决定，申请行政复议或者提起行政诉讼的途径和期限。

（6）实施行政处罚的机构全称和作出决定的日期，并且加盖印章。

141. 对行政处罚不服的救济渠道有哪些？

答：当事人如不服行政处罚决定，可在收到处罚决定书之日起六十日内向重庆市人民政府申请复议，也可在六个月内直接向人民法院起诉。申请行政复议或者提起行政诉讼，不停止行政处罚决定的执行。

142. 轻微环境违法行为是否可以免罚？哪些轻微环境违法行为可以免罚？

答：重庆市生态环境局印发《关于对轻微环境违法行为依法免予行政处罚有关事项的通知》（以下简称《通知》），对涉及建设项目管理、水污染防治、大气污染防治、固体废物污染防治、环境管理制度等 5 个生态环境领域共 15 项轻微违法行为作出了免罚规定。

《免予行政处罚的轻微环境违法行为情形清单》自 2021 年 10 月 23 日起实施。可享受免罚"特权"的轻微环境违法行为分为三类：一是企业违法行为轻微并及时改正，没有造成危害后果的，不予行政处罚；二是企业初次违法且危害后果轻微并及时改正的，可以不予行政处罚；三是当事人有证据足以证明没有主观过错的，不予行政处罚（详见清单）。但"免罚"并不等同于"免责"，对适用《通知》的轻微环境违法行为，环境执法机构将加强对违法主体的宣传教育，通过提醒、指导、教育、约谈、告诫等柔性方式进行纠正教育，引导企业自律，同时加强"双随机一公开"监管，依法开展各类执法活动。

与此同时，环境执法机构还须进一步规范实施的程序。一是依法调查取证。对于符合立案条件的环境违法行为，一律应当立案，并依法开展调查取证。对于符合免予行政处罚条件的，应当在调查终结后提出免予行政处罚的建议。二是加强督促整改。对于符合免予行政处罚条件的环境违法行为，环境执法机构应当加强督促指导，确保环境违法行为整改到位。三是严格案件审查。环境执法机构应当严格按照行政处罚程序开展案件法制审核，并集体审议决定。四是规范过程记录，环境执法机构要做好调查取证、法制审核、集体审议过程的记录，确保有据可查。

轻微环境违法行为免予行政处罚情形清单

序号	处罚类型	适用情形	相关依据
1		对"未批先建"环境违法行为,未造成环境污染后果,且企业自行实施关停或者实施停止建设、停止生产等措施的	
2		不规范贮存危险废物时间不超过 24 小时、数量小于 0.01 吨且未污染外环境,自检查发现之日起 3 日内完成整改的	
3		已核发排污许可证的,未按规定时间要求提交执行报告、未设置排放口信息化标识牌,自检查发现之日起 10 日内按要求完成整改的	
4	违法行为轻微并及时改正,没有造成危害后果的,不予行政处罚	排污单位未按照规定公开排污许可证执行信息,重点排污单位环境信息未及时公开或者公开内容不全,自检查发现之日起 10 日内按要求完成整改的(不含公开内容弄虚作假行为)	《中华人民共和国行政处罚法》第三十三条;《生态环境部关于进一步规范适用环境行政处罚自由裁量权的指导意见》(环执法〔2019〕42号)中"(十三)裁量的特殊情形";《重庆市生态环境局关于印发重庆市环境行政处罚裁量基准的通知》(渝环〔2019〕77号)第八条
5		已按规范制定突发环境事件(事故)应急预案但未按规定将应急预案备案或未按规定开展应急培训、如实记录培训情况,自检查发现之日起 7 日内改正的	
6		建设单位未依法备案建设项目环境影响登记表,自检查发现之日起 7 日内完成备案的	
7		产生工业固体废物的单位未建立固体废物管理台账,自检查发现之日起 5 日内完成整改的	
8		危险废物容器和包装物以及收集、贮存、处置危险废物的设施、场所未设置危险废物识别标志或标志不规范的,自检查发现之日起 3 日内完成整改的	
9		其他违法行为轻微并及时改正,没有造成危害后果的	

续表

序号	处罚类型	适用情形	相关依据
10	不予行政处罚	当事人有证据足以证明没有主观过错的	《中华人民共和国行政处罚法》第三十三条
11	初次违法且危害后果轻微并及时改正的,可以不予行政处罚	初次实施本清单第1至7项违法行为,且危害后果轻微并及时改正的	《中华人民共和国行政处罚法》第三十三条;《生态环境部关于进一步规范适用环境行政处罚自由裁量权的指导意见》(环执法〔2019〕42号)中"(十三)裁量的特殊情形";《重庆市生态环境局关于印发重庆市环境行政处罚裁量基准的通知》(渝环〔2019〕77号)第八条
12		除第一类污染物、有毒有害物质、放射性物质、重金属外,超标排放水污染物且超标倍数小于0.1倍、日污水排放量小于0.1吨的	
13		产生含挥发性有机物废气的生产和服务活动,应当在符合规定的密闭空间、设备中进行而未采取密闭措施,检查发现当场完成整改的	
14		未按规定和监测规范设置监测点位和采样检测平台,自检查发现之日起10日内完成整改的	
15		畜禽养殖场(养殖小区)未建立污染防治设施运行管理台账,自检查发现之日起5日内完成整改的	
16		对易产生扬尘的物料未密闭,或对不能密闭易产生扬尘的物料未设置不低于堆放物高度的严密围挡,或者未采取有效覆盖措施防治扬尘污染,堆放面积在10平方米以下,未明显发生扬散的	
17		其他初次违法且危害后果轻微并及时改正的	

143. 什么是企业环境信用评价？

答：企业环境信用评价是指环保部门根据企业环境行为信息，按照规定的指标、方法和程序，对企业环境行为进行信用评价，确定信用等级，并向社会公开，供公众监督和有关部门、机构及组织应用的环境管理手段。

开展企业环境信用评价，是生态环境主管部门提供的一项公共服务，通过企业环境信用等级这一直观的方式，向公众披露企业环境行为实际表现，方便公众参与环境监督；还可以帮助银行等市场主体了解企业的环境信用和环境风险，作为其审查信贷等商业决策的重要参考；同时，相关部门、工会和协会可以在行政许可、公共采购、评先创优、金融支持、资质等级评定、安排和拨付有关财政补贴专项资金中，充分应用企业环境信用评价结果，共同构建环境保护"守信激励"和"失信惩戒"机制，应对环保领域"违法成本低"的不合理现象。

随着人民生活水平的提高，公众环境意识普遍增强，要求政府、企业公开环境信息，接受社会监督的愿望日益迫切。企业环境信用等级评价是生态环境主管部门将企业遵守环境法律法规政策等情况，以直观明了的形式向社会公开的有效方式。

144. 企业环境信用评价对企业有什么影响？

答：根据企业不同的环境信用等级，生态环境主管部门将采取不同的监督方法。比如对评价较低的企业，将加大污染源环境监管随机抽查频次，取消参加环境保护评先评优活动。对环境信用等级为严重失信的企业，生态环境主管部门应当实行严格监管，将其列入失信联合惩戒对象名单，会同有关部门实施联合惩戒。

不仅如此，企业环境信用评价的结果还将与有关信用管理部门进行共享，推动企业环境信用评价结果在行政许可、采购招标、评先评优、信贷支持、资质等级评定、安排和拨付有关财政补贴资金等工作中的应用。

企业环境信息依法披露篇

二十、企业环境信息披露管理

 145. 环境信息依法披露制度改革的目标是什么?

答：到 2025 年，环境信息强制性披露制度将基本形成，届时企业应依法按时、如实披露环境信息，多方协作共管机制有效运行，监督处罚措施严格执行，法治建设不断完善，技术规范体系支撑有力，社会公众参与度将明显上升。

146. 环境信息依法披露的主体是谁?

答：环境信息依法披露的主体包括：重点排污单位，实施强制性清洁生产审核的企业，因生态环境违法行为被追究刑事责任或者受到重大行政处罚的上市公司、发债企业，法律法规等规定应当开展环境信息强制性披露的其他企业事业单位。

因生态环境违法行为被追究刑事责任或者受到重大行政处罚的上市公司、发债企业，是指上一年度有下列情形之一的上市公司、发债企业：①因生态环境违法行为被追究刑事责任；②因生态环境违法行为被依法处以十万元以上罚款；③因生态环境违法行为被依法实施按日连续处罚；④因生态环境违法行为被依法实施限制生产、停产整治；⑤因生态环境违法行为被依法吊销生态环境相关许可证件；⑥因生态环境违法行为，其法定代表人、主要负责人、直接负责的主管人员或者其他直接责任人员被依法处以行政拘留。

147. 重点排污单位应当披露哪些年度环境信息？

答：重点排污单位应当披露如下环境信息：企业基本信息，企业环境管理信息，污染物产生、治理与排放信息，碳排放信息，生态环境应急信息，生态环境违法信息，本年度临时环境信息依法披露情况，法律法规规定的其他环境信息。

148. 实施强制性清洁生产审核的企业应当披露哪些年度环境信息？

答：实施强制性清洁生产审核的企业除应当披露重点排污单位披露的环境信息外，还应当披露如下环境信息：实施强制性清洁生产审核的原因以及强制性清洁生产审核的实施情况、评估与验收结果。

149. 应当开展环境信息披露的上市公司和发债企业应当披露哪些年度环境信息？

答：开展环境信息披露的上市公司和发债企业除应当披露重点排污单位披露的环境信息外，还应当披露如下信息：上市公司通过发行股票、债券、存托凭证、中期票据、短期融资券、超短期融资券、资产证券化、银行贷款等形式进行融资的，还应当披露年度融资形式、金额、投向等信息，并披露融资所投项目的应对气候变化、生态环境

保护等相关信息；发债企业通过发行股票、债券、存托凭证、可交换债、中期票据、短期融资券、超短期融资券、资产证券化、银行贷款等形式融资的，还应当披露年度融资形式、金额、投向等信息，并披露融资所投项目的应对气候变化、生态环境保护等相关信息。上市公司和发债企业属于强制性清洁生产审核企业的，还应当披露实施强制性清洁生产审核的原因以及强制性清洁生产审核的实施情况、评估与验收结果。

150. 企业在哪里披露企业环境信息？

企业应按照《企业环境信息依法披露格式准则》编制年度环境信息依法披露报告和临时环境信息依法披露报告，并上传至企业环境信息依法披露系统。

151. 企业应当在什么时候披露企业环境信息？

答：企业应当于每年 3 月 15 日前披露上一年度 1 月 1 日至 12 月 31 日的环境信息。

152. 企业不依法披露环境信息应承担哪些法律责任？

答：《企业环境信息依法披露管理办法》第二十八条规定，企业违反本办法规定，不披露环境信息，或者披露的环境信息不真实、不准确的，由设区的市级以上生态环境主管部门责令改正，通报批评，并可以处一万元以上十万元以下的罚款。

153. 企业不按照规定依法披露环境信息应承担哪些法律责任?

答:《企业环境信息依法披露管理办法》第二十九条规定,企业违反本办法规定,有下列行为之一的,由设区的市级以上生态环境主管部门责令改正,通报批评,并可以处五万元以下的罚款:

(1)披露环境信息不符合准则要求的;

(2)披露环境信息超过规定时限的;

(3)未将环境信息上传至企业环境信息依法披露系统的。

154. 企业因违法披露环境信息受到行政处罚是否会影响企业信用记录?

答:会。《企业环境信息依法披露管理办法》第二十六条规定,设区的市级以上生态环境主管部门应当按照国家有关规定,将环境信息依法披露纳入企业信用管理,作为评价企业信用的重要指标,并将企业违反环境信息依法披露要求的行政处罚信息记入信用记录。

155. 环境信息依法披露企业名单由谁公布?

答:各区县生态环境局组织制定本行政区域内的环境信息依法披露企业名单,并于每年 3 月底前向社会公布,企业名单公布前应在政府网站上公示,征求公众意见;公布期限不得少于十个工作日。对企业名单公布后新增的符合纳入企业名单要求的企业,应当将其纳入下一年度企业名单。

生态环境损害赔偿篇

二十一、生态环境损害赔偿管理

 156. 什么是生态环境损害？

答：生态环境损害是指因污染环境、破坏生态造成环境空气、地表水、沉积物、土壤、地下水、海水等环境要素和植物、动物、微生物等生物要素的不利改变，及上述要素构成的生态系统的功能退化和服务减少。

 157. 为什么要进行生态环境损害赔偿呢？

答：生态环境损害赔偿制度是生态文明制度体系的重要组成部分。党中央、国务院高度重视生态环境损害赔偿工作，党的十八届三中全会明确提出对造成生态环境损害的责任者严格实行赔偿制度。生态环境损害赔偿制度改革是贯彻习近平生态文明思想的重要举措，是实现精准治污、科学治污、依法治污的重要手段，是生态环境治理体系和治理能力现代化的重要内容，是回应人民美好环境需求的重要体现。实施生态环境损害赔偿制度，努力破解"企业污染、群众受害、政府买单"的困局，落实"环境有价，损害担责"的基本原则，保护人民群众的生产和生活环境。

158. 生态环境损害要承担哪些赔偿责任？

答：《民法典》第 1235 条规定，违反国家规定造成生态环境损害的，国家规定的机关或者法律规定的组织有权请求侵权人赔偿下列损失和费用：生态环境受到损害至修复完成期间服务功能丧失导致的损失；生态环境功能永久性损害造成的损失；生态环境损害调查、鉴定评估等费用；清除污染、修复生态环境费用；防止损害的发生和扩大所支出的合理费用。

159. 违法行为人积极履行了生态环境损害赔偿责任是否还要缴纳行政处罚罚款呢？

答：《生态环境损害赔偿制度改革方案》明确规定：赔偿义务人因同一生态环境损害行为需承担行政责任或刑事责任的，不影响其依法承担生态环境损害赔偿责任。也就是说实施环境违法行为的单位或个人除了承担应有的行政责任或刑事责任外，同时还要承担生态环境损害的赔偿责任。

生态环境部、司法部等十一部委印发的《关于推进生态环境损害赔偿制度改革若干具体问题的意见》中，对鼓励赔偿义务人积极担责作出明确规定：对积极参与生态环境损害赔偿磋商，并及时履行赔偿协议、开展生态环境修复的赔偿义务人，赔偿权利人指定的部门或机构可将其履行赔偿责任的情况提供给相关行政机关，在作出行政处罚裁量时予以考虑，或提交司法机关，供其在案件审理时参考。

综合管理篇

二十二、其他环境保护相关管理

 160. 未批先建、未验先投、久拖未验的情形及处罚依据是什么?

答: (1) 根据《中华人民共和国环境影响评价法》(2018 修正) 第二十五条规定,"未批先建"是指建设项目的环境影响评价文件未依法经审批部门审查或者审查后未予批准的,建设单位擅自开工建设的行为。对于存在"未批先建"违法行为的企业,根据《中华人民共和国环境影响评价法》(2018 修正) 第三十一条规定,县级以上生态环境主管部门应责令企业停止建设,根据违法情节和危害后果,处建设项目总投资额百分之一以上百分之五以下的罚款,并可以责令恢复原状;对建设单位直接负责的主管人员和其他直接责任人员,依法给予行政处分。

(2) 根据《建设项目环境保护管理条例》(2017 修订) 第二十三条规定,"未验先投"是指建设项目需要配套建设的环境保护设施未建成、未经验收或者验收不合格,建设项目即投入生产或者使用的行为。"未验先投"实质上是指建设项目违反环境保护设施"三同时"验收制度的情形。对于存在"未验先投"违法行为的企业,根据《建设项目环境保护管理条例》(2017 修订) 第二十三条规定,由县级以上环境保护行政主管部门（现为生态环境主管部门）责令限期改正，处 20 万元以上 100 万元以下的罚款；逾期不改正的，处 100 万元以上 200 万元以下的罚款；对直接负责的主管人员和其他责任人员，处 5 万元以上 20 万元以下的罚款；造成重大环境污染或者生态破坏的，责令停止生产或者使用，或者报经有批准权的人民政府批准，责令关闭。

（3）根据《关于发布〈建设项目竣工环境保护验收暂行办法〉的公告》（国环规环评〔2017〕4 号）第十二条规定，除需要取得排污许可证的水和大气污染防治设施外，其他环境保护设施的验收期限一般不超过 3 个月；需要对该类环境保护设施进行调试或者整改的，验收期限可以适当延期，但最长不超过 12 个月。根据《关于发布〈建设项目竣工环境保护验收暂行办法〉的公告》第十六条规定，需要配套建设的环境保护设施未建成、未经验收或者经验收不合格，建设项目已投入生产或者使用的，或者在验收中弄虚作假的，或者建设单位未依法向社会公开验收报告的，县级以上环境保护主管部门应当依照《建设项目环境保护管理条例》的规定予以处罚，并将建设项目有关环境违法信息及时记入诚信档案，及时向社会公开违法者名单。

 ## 161. 环境保护主管部门监督哪些企业实施强制性清洁生产审核？

答：环境保护主管部门负责对《清洁生产审核办法》第八条第（一）款、第（三）款规定的企业实施强制性清洁生产审核的情况进行监督。即有下列情形之一的企业：污染物排放超过国家或者地方规定的排放标准，或者虽未超过国家或者地方规定的排放标准，但超过重点污染物排放总量控制指标的；使用有毒有害原料进行生产或者在生产中排放有毒有害物质的。

162. 自然保护区管控有哪些要求？

答：自然保护区是指对有代表性的自然生态系统、珍稀濒危野生动植物物种的天然集中分布区、有特殊意义的自然遗迹等保护对象所在的陆地、陆地水体或者海域，依法划出一定面积予以特殊保护和管理的区域。

按照《中华人民共和国自然保护区条例》规定，自然保护区可以分为核心区、缓冲区和实验区。自然保护区内保存完好的天然状态的生态系统以及珍稀、濒危动植物的集中分布地，应当划为核心区，禁止任何单位和个人进入；核心区外围可以划定一定面积的缓冲区，只准进入从事科学研究观测活动；缓冲区外围划为实验区，可以进入从事科学试验、教学实习、参观考察、旅游以及驯化、繁殖珍稀、濒危野生动植物等活动。在自然保护区的核心区和缓冲区内，不得建设任何生产设施。在自然保护区的实验区内，不得建设污染环境、破坏资源或者景观的生产设施；建设其他项目，其污染物排放不得超过国家和地方规定的污染物排放标准。在自然保护区的实验区内已经建成的设施，其污染物排放超过国家和地方规定的排放标准的，应当限期治理；造成损害的，必须采取补救措施。

涉自然保护区建设项目应开展生态影响专题报告，报告内容纳入环评文件，一并编制、报审，由环评文件审批部门依法审批，不需单独编制生态影响专题报告。

163. 生态保护红线管控有哪些要求？

答：目前国家生态保护红线的管理办法还未出台，主要遵循以下原则对生态保护红线进行管控：一是依照《中共中央办公厅国务院办公厅关于划定并严守生态保护红线的若干意见》（厅字〔2017〕2号）要求，生态保护红线原则上按禁止开发区域的要求进行管理。二是贯彻执行《中共中央办公厅国务院办公厅关于在国土空间规划中统筹划定落实三条控制线的指导意见》（厅字〔2019〕48号）第四条管控要求，生态保护红线内自然保护地核心保护区原则上禁止人为活动，其他区域严格禁止开发性、生产性建设活动。在符合现行法律法规前提下，除国家重大战略项目外，仅允许对生态功能不造成破坏的有限人为活动，主要包括：零星的原住民在不扩大现有建设用地和耕地规模前提下，修缮生产生活设施，保留生活必需的少量种植、放牧、捕捞、养殖；因国家重大能源资源安全需要开展的战略性能源资源勘查、公益性自然资源调查和地质勘查；自然资源、生态环境监测和执法包括水文水资源监测及涉水违法事件的查处等，灾害防治和应急抢险活动；经依法批准进行的非破坏性科学研究观测、标本采集；经依法批准的考古调查发掘和文物保护活动；不破坏生态功能的适度参观旅游和相关的必要公共设施建设；必须且无法避让、符合县级以上国土空间规划的线性基础设施建设、防洪和供水设施建设与运行维护；重要生态修复工程。三是按照《生态环境部关于生态环境领域进一步深化"放管服"改革，推动经济高质量发展的指导意见》（环规财〔2018〕86号）要求，对审批中发现涉及生态保护红线和相关法定保护区的输气管道、铁路等线性项目，应当优化调整选线、主动避让，确实无法避让的，应当采取无害化穿（跨）越方式，或依法依规向有关行政主管部门履行穿越法定保护区的行政许可手续、强化减缓和补偿措施。